一本书读懂国美学

四色插图

林夏瀚 著

江西美术出版社
全国百佳出版单位

图书在版编目（CIP）数据

一本书读懂中国美学 / 林夏瀚著 . -- 南昌：江西美术出版社 , 2024.7. -- ISBN 978-7-5480-9854-6

Ⅰ . B83-49

中国国家版本馆 CIP 数据核字第 20243F1A61 号

出 品 人：刘　芳
企　　划：北京江美长风文化传播有限公司
策　　划：北京兴盛乐书刊发行有限责任公司
责任编辑：楚天顺　郭义德
版式设计：王珊珊
责任印制：谭　勋

一本书读懂中国美学
YI BEN SHU DUDONG ZHONGGUO MEIXUE

林夏瀚　著

出　　版：	江西美术出版社
地　　址：	江西省南昌市子安路 66 号
网　　址：	www.jxfinearts.com
电子信箱：	jxms163@163.com
电　　话：	010-82093808　　0791-86566274
邮　　编：	330025
经　　销：	全国新华书店
印　　刷：	北京天恒嘉业印刷有限公司
版　　次：	2024 年 7 月第 1 版
印　　次：	2024 年 7 月第 1 次印刷
开　　本：	710mm×1000mm　1/16
印　　张：	11.75

ISBN 978-7-5480-9854-6
定　　价：78.00 元

本书由江西美术出版社出版。未经出版者书面许可，不得以任何方式抄袭、复制或节录本书的任何部分。
版权所有，侵权必究
本书法律顾问：北京天驰君泰（南昌）律师事务所　黄一峰律师

丛书前言

科学征服了世界，艺术美化了世界。

艺术产生于人类文明早期。出土于德国的距今约36000年前的洞穴狮子人牙雕是已知较早的艺术品。这件艺术品表现出早期人类对人和狮子形象的一种自然主义观察，是牙雕中的杰作。如今的我们很难想象，平均寿命只有十几年，且终日忙于寻找庇护所和食物的原始人，为何会耗费大量时间来制作这样一件只能供赏玩而没有实际用处的牙雕。从这个时期开始，人类就开启了对艺术的追求和创作之旅！

32000年前，法国南部阿尔代什省的一个洞穴中，史前人类用赭石在洞壁上绘制了犀牛、狮子和熊，壁画线条流畅，色彩明暗相间。

公元前15000—公元前13000年，洞穴居民们在今法国多尔多涅省拉斯科洞窟的洞顶绘制了一幅幅公牛图案，牛的形象特征鲜明，简练而富有野性。

公元前5000—公元前3000年，中国的仰韶文化制作出了彩陶，彩陶图案具有抽象主义特征，纹理优雅，且有一种朴素的对称美。

4000年前，苏美尔人在一块泥板上刻下了乐谱，这是一首赞颂统治者里皮特·伊什塔的咏歌的指令和音调。

2500多年前，《诗经》收集了自西周初年至春秋中叶500多年间的诗歌300余篇，对中国的文学、政治、语言甚至思想都产生了非常深远的影响。

14—16世纪暨文艺复兴时期，西欧和中欧国家书写了西方艺术史中最灿烂辉煌的一章，《蒙娜丽莎》《最后的晚餐》《大卫》《西斯廷圣母》等传世艺术名作在此期间纷纷涌现。

....

当然，因为文化的差异，中西方艺术也有很大不同。西方文化通过宗教进行道德和艺术教化，所以西方艺术大多涉及宗教题材；而中国艺术一方面强调对人生境界的追求，另一方面也包含着社会责任，相比之下更具美学意蕴与对生命的体悟。中国艺术没有特别凸显其独立性，可以说中国人的生活就是艺术的生活，中国文化本身就渗透了一种追求艺术境界的艺术精神。中国艺术以立意、传神、韵味、生动作为最高标准。在中国文化中，陶冶情操、提升人生境界需要由艺入道，同时要用道来摄艺，这是中国乐教最根本的精神；中国文化还强调"文以载道"，如周敦颐借《爱莲说》来展现对高洁品格的追求，范仲淹以《岳阳楼记》来抒发"先天下之忧而忧，后天下之乐而乐"的情怀，中国艺术从来不是为了简单地满足五感体验，更重要的是用来教化民众、陶冶情操。因此，中国的音乐、书画、诗歌等都强调表意，欣赏者要先得意、会心、体悟，然后才能回味无穷。

但是无论东方还是西方，艺术与人类文明总是相伴相生的。不夸张地说，以传播美为目的的艺术，揭示了人类文明进化的历史进程。无论绘画、建筑、音乐、戏剧、电影，还是其他的艺术形式，都反映了创作者所处的时代环境和对社会的所思所想；无论原始艺术、古典艺术、现代艺术、后现代艺术还是当代艺术，都是人类文明的代表，它们能够帮助我们对抗记忆的流失，感受时代的脉动。

此时此刻，可能很多读者心中都会浮起一个疑问：艺术对普通人来说到底有什么意义？

艺术是生命成长的必备养料。很多时候，我们对待艺术的态度就是我们对待人生的态度。艺术之美本就包含着持之以恒、多元化思维、善良意志、兼容并蓄等多种美好的元素，用审美的眼光看待世界，我们就能感受到它的无限意味和情趣，工作态度、生活品位与人生境界也能因此得到提升。理解了这一点，我们也就理解了日本教育家鸟居昭美为什么一直强调"培养孩子要从画画开始"。

艺术可以提升人生的幸福感。艺术是人之为人的一种独特生活仪式，它让我们的生命更丰富、更有层次，并能让我们从细微之处获得不一样的人生体验。懂画作的人，会在一幅名作前流连忘返，从线条与色彩中看到画家对生命的热情；懂文学的人，会从文字中取暖，读懂他人的故事，看见自己的人生；懂建筑的人，会透过建筑物的形象，看到设计者的匠心与时代的精神……

本系列丛书包括中国绘画、外国绘画、中国建筑、外国建筑、外国雕塑、中国美学、中国电影、外国电影、中国书法。丛书中对相关理论、历史知识一一备述，将人物、流派、作品、鉴赏等知识娓娓道来。例如：东西方艺术差异从何而来？文学、绘画、建筑、雕塑等各个艺术领域都有哪些杰出的大师与作品？如何通过艺术教育来塑造个人性格、培养自信心？等等。阅读本丛书后，相信读者可以自己找到这些问题的答案。

普遍化的艺术教育是文化教育的一部分，是每个人都有必要接触和学习的。本系列丛书尤其适合青少年学习、增广见闻之用。通过艺术教育，培养能力卓越、素质全面的"人"，这已经是当今国际著名大学和艺术院校普遍认同的教育理念。

需要指出的是，艺术教育不是精英教育，艺术也不只属于少数人。我们日常使用的手机与电脑体现的是工艺美术之美，我们的城市建筑、雕塑都是设计艺术的一部分，我们看的电影也同样是艺术结晶……艺术没有门槛，它不要求我们创造，而是带领我们去欣赏这个世界上已有的美好事物。艺术是创造、是消遣，也是激励。它能够消解时空边界，让我们逃离现实的烦扰，去体会不同时代、不同国籍的创作者们的浓烈情感与记忆；它能让我们形成自己的独立思想，体会美、浸入美，进而激励我们去追求更美好的生活。

最后，献上美国第二任总统约翰·亚当斯的名言——"艺术是愉悦的沟通、可爱的品享、无声的奉献、延年益寿的境界、使世界宁静的良药。"

序言

美学是一门严肃而认真的学科，是从哲学中分离出来的，它涉及哲学、艺术等多门学科。学习美学需要深厚的学术修养，还要有丰富的艺术知识。美学又是一门贴近生活的学科，从文学、美术、音乐、舞蹈、戏剧等学科中都可以看到美学的身影。历史演进、社会变迁、民族交往、科技更新，无一不影响着美学的发展与研究。

学习美学可以帮助人们树立正确的审美观念，培养健康高尚的审美趣味，提高审美能力和审美素养。我们学习美学要从社会实践出发，同宇宙、社会、人生的根本问题联系起来，并加以观察和思考，从而对美的规律产生一种全新的理解和认知。当我们面对生活中的美学问题时，如果能与这种学术态度相结合，就一定能够有所收获。

中国美学是中华优秀传统文化的重要组成部分，是民族文化的瑰宝。中国美学源远流长、博大深厚，早在2000多年前，先秦哲学家就开始探索美的奥秘，提出各具特色的美学思想，尤其是作为中国文化思想源头的儒家思想和道家思想，激活了中国美学思想的民族内涵，奠定了中国美学的思想基础。

《一本书读懂中国美学》是关于中国美学的普及性读本，内容通俗浅显，架构清晰，从先秦诸子美学奠基期到魏晋南北朝美学的自觉时期，再到唐宋繁荣时期、清代总结时期，对历代美学发展进行了简要梳理，勾勒出中国美学思想发展的内在脉络。为了方便读者阅读和记忆，本书紧抓每个时代具有代表性的一些美学思想和美学著作，注重把握美学范畴和美学命题的演变和发展，因此本书也可以视为中国美学范畴史纲要。需要说明的是，本书内容只论述至清代美学，近现代、当代美学暂不论述。

本书是为满足普通大众的阅读需要而写的，篇幅不长，内容却涉及文学、戏剧、美术、音乐等多个方面，并辅以精美图片，充分展示了中国美学中人与自然、精神与物质、主体与客体等的审美特征，希望能引导读者走进一个生动的中国美学世界，透过中国艺术的外在形式，走到它的背后，去揣摩其中所深藏的艺术家的心灵隐微，那些曾经感动过艺术家的幽深的生命体验。翻阅浩如烟海的中国古典美学典籍，浏览记录着人类心灵历程的诗歌，吟诵着那些铭刻着作者心路的名篇佳句，在起风的季节怀想愁悒的诗人……同时，我们陶醉于水墨淋漓、气韵生动的中国书画，领略着一幅幅大好风景，或重峦叠嶂，或万顷碧波，或暧暧远村，或孤蓑渔翁……

现在让我们一起展开书卷，敞开心扉，开启中国美学的精彩之旅，用心参悟中国美学的个中真谛，尽情享受读书的快乐吧！

目录

第一章　先秦——古典美学奠基期 ……………………………………… 001

　第一节　原始审美意识的发生 …………………………………………… 003

　第二节　老子："道"之美 ………………………………………………… 005

　第三节　孔子："仁"与"美" …………………………………………… 008

　第四节　庄子：自由之美 ………………………………………………… 010

　第五节　孟子：人格之美 ………………………………………………… 012

　第六节　荀子：性"伪"而美 …………………………………………… 013

　第七节　《周易》："象"之美 …………………………………………… 016

　第八节　《管子》："精气"说与"虚""静"论 ………………………… 018

　第九节　《乐记》：礼乐之美 …………………………………………… 020

第二章　汉代——古典美学的展开·················023

第一节　《淮南子》：美与美感················025
第二节　董仲舒："天人合一"说···············027
第三节　《说苑》：儒家的美学思想·············029
第四节　《毛诗序》：诗歌的社会功能············031
第五节　司马迁："发愤著书"说···············033
第六节　王充：元气自然论和真善美统一··········034

第三章　魏晋南北朝——美学的自觉·············037

第一节　曹丕：论建安文学··················039
第二节　王弼："得意忘象"··················041
第三节　嵇康："声无哀乐"论················043
第四节　钟嵘：论诗歌创作··················045
第五节　刘勰：首次文论总结·················047
第六节　顾恺之："传神写照"················051
第七节　宗炳："澄怀味象"··················054
第八节　谢赫：绘画"六法"··················056

第四章 隋唐五代——美学的发展 ·· 059

第一节 孔颖达："情志"诗论 ·· 061
第二节 白居易：诗歌的"美刺"作用 ································ 062
第三节 殷璠："兴象"说 ·· 065
第四节 张彦远："凝神遐想，妙悟自然" ························ 067
第五节 司空图：意境理论的集大成者 ······························ 069
第六节 荆浩：绘画中的美与真 ·· 071

第五章 宋代——宋明理学和美学的完成 ································ 075

第一节 苏轼："诗""书""画" ·· 077
第二节 黄庭坚："点铁成金"与"夺胎换骨" ················ 081
第三节 郭熙："身即山川"与"三远" ···························· 085
第四节 黄休复：逸格是最高的艺术层次 ·························· 090
第五节 董逌："天机"与个性 ·· 091
第六节 范温：美学中的"韵" ·· 093
第七节 范晞文：诗歌中的情景交融 ···································· 095
第八节 严羽："兴趣"与"妙悟" ······································ 097
第九节 朱熹：存天理，灭人欲 ·· 099

第六章 元代美学——美学的过渡期 …………………… 103

第一节 元好问："天然"与"心画""心声" …………… 105
第二节 赵孟頫：复古与文人画 …………………………… 107
第三节 倪瓒：聊以写胸中逸气 …………………………… 111

第七章 明代——为艺术而艺术的美学 …………………… 117

第一节 王廷相：元气论与诗歌意象 ……………………… 119
第二节 王阳明：心学与美学 ……………………………… 121
第三节 徐渭：抒发性情的真我说 ………………………… 123
第四节 李贽：解放个性的童心说 ………………………… 128
第五节 汤显祖：情是艺术的原动力 ……………………… 131
第六节 袁宏道：性灵说与艺术发展观 …………………… 133
第七节 叶昼：真实与典型 ………………………………… 135
第八节 王骥德：戏曲"本色" …………………………… 137
第九节 董其昌："南北宗论"与文人画 ………………… 139
第十节 计成：《园冶》与园林美学 ……………………… 142

第八章 清代——古典美学的总结 ……… 145

第一节 王夫之："情景统一"说和诗歌意象 ……… 147
第二节 叶燮：艺术的美学体系 ……… 150
第三节 金圣叹：小说典型人物的塑造 ……… 153
第四节 毛宗岗：情节与人物 ……… 155
第五节 脂砚斋：《红楼梦》评点 ……… 157
第六节 李渔：戏剧的真实性与通俗化 ……… 159
第七节 石涛："一画论" ……… 162
第八节 郑燮：一枝一叶总关情 ……… 165
第九节 刘熙载：《艺概》的美学思想 ……… 168

参考文献 ……… 173

第一章 先秦——古典美学奠基期

先秦时期是中国古典审美的发端。先秦社会正处于大变革时期，在文化上出现了思想解放、百家争鸣的局面。儒家的孔子、孟子、荀子，道家的老子、庄子等都是大哲学家，他们的美学思想就体现在各自的著作中。他们提出了"兴""观""群""怨""道""气""象""心斋""坐忘""立象以尽意""观物取象"等命题，为中国古典美学的发展奠定了基础，后世所探讨的美学问题基本上都包含在先秦美学的框架之中。

第一节　原始审美意识的发生

讲述中国美学，总要有个起点。那么中国美学的起点在哪儿呢？在原始社会。这时候中国美学思想并未产生，但了解这个漫长的历史时期中原始审美意识是如何产生的，有利于正确把握中国古代社会审美观念的发展特点。

在原始社会时期，人类的祖先在实践活动中逐步孕育了早期的审美意识，原始艺术得以产生。这种原始艺术大多是由物质实践的产物转化而来，强调艺术性与实用性的结合。我们现在所说的审美意识，一般没有也不能具有实际的功利目的，它体现为人的自由的精神需要，精神愉悦或灵魂净化。也就是说，美是无功利、无利害、没有实际目的、拒绝物欲的。然而，这审美的"无功利"却是以"有功利"为历史前提与心理前提的。在人类漫长的文化历程中，原始先民在实践中总是带有生存目的，包含求生欲望、欢乐或痛苦的自我意识、情感因素等，它是实用的、物欲的。因此我们现在所能看到的原始艺术的载体（陶器、玉器、岩画等），往往带有趋吉避凶的目的性。除此之外，原始艺术注重人与自然的关系，并且具有原始思维的特征，它与神话、图腾、巫术等密切相关。

所谓神话，诸如后世传说中的女娲补天、伏羲画卦、仓颉造字、神农尝百草、后羿射日以及大禹治水之类，这些都是富有原始思维的神话。由于各种族、民族的人种体质及其所生活的环境各有不同，因此生成各自的"种族记忆"，产生了各种远古神话，其中包含了诞生、死亡、再生、力量、英雄、巨人等审美"原型"。

所谓图腾，是从印第安语翻译而来，是古代原始部落信仰某种自然或有血缘关系的亲属、祖先、保护神等，并将其作为本氏族的徽号或象征，也是原始初民早期的宗教信仰之一。图腾是一种史前文化的"错觉"，它将动植物、山岳、河川之类认作氏族的"先父"或"先母"，以便使整个氏族牢固地团结在"图腾"的旗帜下，去共同面对外部世界与恶劣环境的挑战。图腾使一个民族的精神有一个参照可以依附，使人们共同沐浴在这个偶像崇拜的文化氛围中。中国古籍关于原始图腾及其文化遗构的记载很多。《诗经·商颂》云："天命玄鸟，降而生商。"说明商部落原以"玄鸟"为图腾。《山海经》所言"人面蛇身""人首蛇身"，两汉时期《淮南子》记载"民人被发文身以象鳞虫"，还有南宋学者罗愿所谓"角似鹿，头似驼，眼似兔，项似蛇，腹似蜃，鳞似鱼，爪似鹰，掌似虎，耳似牛"之龙的形象，实际是多种动物图腾的综合，证明中国原始图腾的崇拜对象十分丰富。在中国的广袤大地，还有以蛙、鱼等作为图腾的。但总的来说，龙与凤的形象源远流长，是我们伟大的中华民族审美的根源之一，也是中华民族具有伟大生命力的美的象征。

神话与图腾中所反映的原始生命意识、"天人合一"观念、"象"意识等，与原始社会人们长期的穴居生活、生产方式有一定的关联，是中国审美意识的萌芽。除了女娲、伏羲的传说，我们从马家窑文化的舞蹈纹彩陶盆、河南濮阳西水坡遗址出土的龙虎蚌塑（用蚌壳摆塑的龙和虎的形象）、良渚文化出土的玉琮，以及殷墟妇好墓出土的玉凤等古物中，都可以看到神话、图腾影响下人们的原始思维和审美观念。

当然，原始文化"原始混沌"，万物往往并不是分立、分开的，如中国的龙，既是中国文化之最显著、最重要的"原始意象"，是神话之原型，又是中华民族生殖、崇祖的图腾崇拜，它同时还与原始巫术文化联系在一起，表示某种征兆。我们所知道龙虎蚌塑、战国帛画《人物御龙图》中的龙，可能带有引魂升天或某些巫术色彩。如果说神话与图腾是偏重于从原始人类的文化心理、观念来研究原始审美意识的话，那么巫术是以原始人类的文化实践方式来加以考察的。大量研究结果表明，原始巫术几乎渗透、贯穿于原始初民的一切生产与生活领域，它是原始初民的生存状态与生存策略，也是原始初民与自然力量进行"对话"的主要方式。盛于殷商的甲骨占卜、商周之际的《周易》筮占，以及《左传》《国语》等典籍关于卜筮的丰富资料记载，都证明原始巫术文化曾在中国盛行，它历史地酝酿着属于这个伟大民族的独特的原始审美意识。中国古代的"史"是由"巫"发展而来的，因此，原始审美意识的发生可能与巫术有着更为密切的历史、文化联系。

夏、商、周的审美观念是在原始审美意识的基础上发展而来的，原始社会神权与王权的合一、巫与政的合一，在夏、商、周时期得到继承并进一步细化，产生了兽形神的崇拜、饕餮的狰狞恐怖，以及音乐与巫风的结合等，还出现了以忠孝为本的伦理观念、阴阳五行思想、天人关系等，诸子百家有关美学上的许多重要特点，溯其根源，也大多与它相关。

第二节　老子："道"之美

老子提出的一系列哲学范畴，如"道""气""象""有""无""虚""实""味""妙""自然"等，对中国古典美学产生了深远影响。可以说，中国古典美学关于审美客体、艺术创造等一系列看法，以及"澄怀味象""气韵生动""虚实结合""平淡"等理论，都可以追溯到老子的哲学和美学思想。

老子，姓李，名耳，字聃，又称老聃，春秋时期楚国人，是中国道家学派的创始人，曾到周朝学习，并做过周朝的史官。

"道"是老子哲学和美学思想的中心范畴和最高范畴。他的思想集中体现在《道德经》一书中。老子所说的"道"是混沌的，是在天地产生之前就存在的，它不依靠外力而存在，它包含着形成万物的可能性。所谓的"道生一，一生二，二生三，三生万物"，即"道"产生万物。老子说："道法自然。"道虽然产生万物，但它并不是有意志、有目的的主宰。"道"不是静止的、不动的，而是处于永恒的运动之中，因此构成了宇宙万物的生命。从"道"引申开来，老子还提出了"有"和"无"的统一。"有"是事物的规定性，也就是差异。"无"是指无限性、无规定性，指没有具体形象，却又是实在的存在。"道"是无限和有限的统一，是混沌和差别的统一。

在老子的思想中，"气"和"象"是两个同"道"紧密联系的范畴。"道"包含着"气"，"气"分化为"阴""阳"二气，阴、阳二气相互交通融合，就产生了万物。所以万物的本体和生命就是"气"，万物都包含有"阴""阳"这两种对立的方面，而在看不见的"气"中得到了统一。气形成万物，而物的形象就是"象"。"象"是体现"气"和"道"的。如果没有了"气"和"道"，"象"也就失去了本体和生命，就是没有意义的东西。人们对于美的探索受到了这种思想的影响，人们在判断一个事物美不美时，大多时候并不是只看事物的外在形象，而是会透过"象"去品味事物更内在的东西。比如对于一个人来说，我们会撇开外表去看他的品质；对于一件物品来讲，我们还会去考虑它的用途，就是这个道理。

老子认为，宇宙万物都是"无"和"有"的统一，或者说是"虚"和"实"的统一。这种"无"和"有"的概念可以用现实中的事物去解释，比方说盆子的中间是空的，所以盆子才能盛东西，这种"空"就是"无"和"虚"，而可以盛东西，也就是"有"和"实"。因此，老子认为，世间万物都是"无"和"有"的统一，"虚"和"实"的统一，有了这种统一，事物才能运动，生生不息。这种思想对中国古典美学影响很大，"虚实结合"成为中国古典美学一条重要的原则，在后来的绘画和诗歌中也得到了很好的运用，逐渐形成了留白的手法，这使得中国画有了一种特别的意蕴。齐白石是现代著名画家，擅画花鸟鱼虫，以画虾最为著名。他的《群虾图》就巧妙地运用了留白的手法，整幅图只用淡墨描绘出几只虾，它们似乎在游动，但是整幅图没有一丝水纹，又好像满幅皆水。这种美感就是人们通过对虚、实的处理而体会到的。

老子也谈"美"，但这种美的思想也是与"道"密切相关的。老子说的"美"已经明确地与"善"区别开来，同时"美"是相对于它的对立物"恶"（丑）而存在的。老子说："五色令人目盲，五音令人耳聋，五味令人口爽，驰骋畋猎令人心发狂。""五色""五音"泛指艺术，也是指"美"。老子认为这些东西刺激人的欲望，使人心发狂，所以应该在社会生活中排除美和艺术。他的这一主张也影响了后来墨子等人，他们对艺术持否定的观点。老子说："信言不美，美言不信。善者不辩，辩者不善。""大巧若拙，大辩若讷。"此处说的"拙"，成了后世艺术家努力追求的一种审美趣味、审美风格。

老子还谈到"味"，也是"味"这个概念在历史上第一次作为美学范畴出现。老子说的"味"不仅仅是吃东西的味道，还是听别人说话的味道，是一种审美的享受。"淡乎其无味"是提倡一种特殊的美感，一种平淡的趣味。"平淡"是一种非常高的艺术境界，要达到它往往需要艺术家大半生的努力。"味"作为审美范畴在魏晋以后有很大发展，中国艺术各个门类，诸

西安楼观台老子像　老子西游入秦，在楼观著《道德经》五千余言，并在草楼观南高岗筑台授经

如诗、词、文、赋、书、画，都广泛地运用这一概念，成为最具中国美学特色的范畴之一。

另外，"妙"这个范畴也是老子第一次提出来的，我们现在经常将"妙"和"美"用在一起。老子的"妙"是和"道"联系在一起的，指的是"道"的无限性的一面，"妙"出于"自然"。到了汉代，"妙"已经成为常用的形容美的词语，例如"妙句""妙音"等，后世绘画品评也将"妙"定为一种等级。

第三节　孔子："仁"与"美"

孔子，名丘，字仲尼，春秋时期鲁国（今山东曲阜）人，是中国古代伟大的思想家、教育家之一，儒家学派的创始人，被后世尊为"至圣先师"。他的思想在中国几千年的发展历程中产生了重大影响，而且已走向世界。

孔子的思想核心是"仁"。在孔子看来，"仁"是整个社会道德规范的基础，它包含丰富的含义，孔子的美学思想也是在"仁"的基础上发展起来的。"仁"的最初字义是指人与人之间的亲密关系。孔子将"仁"的思想推广到家庭伦理方面，提出了"孝悌"的思想，即在家要孝敬父母，尊敬兄长。"仁"的思想应用到社会上，孔子提倡"己欲立而立人，己欲达而达人"（《论语·雍也》），即要有设身处地、推己及人的思想。他还将"仁"的具体含义赋予在五个具体方面："恭、宽、信、敏、惠。"（《论语·阳货》）也就是说为人自身要庄重，办事要敏捷，待人要宽厚、守信用和给人以恩惠，能做到这几个方面才算得是仁人。可见要想达到孔子心目中"仁"的道德模范化身——君子，其要求是很高的。

孔子认为人们在努力行进并达到"仁"的道德修养的过程中，艺术、审美等方面可以起到重要作用，因此他强调美育的重要性，并且强调要将二者结合起来，即"美"与"善"要统一，二者不可偏废。《论语》记载，孔子在齐国听到舜帝时代的《韶乐》，竟然三个月感知不到肉味，他对音乐能够达到这个程度感到十分惊讶。他还将《韶乐》与《武乐》进行对比，认为《韶乐》既尽善又尽美，而《武乐》只有美，却无善。可见在孔子的审美体系中，审美标准与道德标准紧密统一在一起。"文质彬彬"这个词是对孔子这一思想的进一步论证。孔子说："质胜文则野，文胜质则史。文质彬彬，然后君子。"（《论语·雍也》）他认为如果一个人只有道德修养而不注重外在修饰就会显得粗野，相反，如果只注重外在修饰而没有道德修养就显得虚浮。只有内与外，"质"与"文"相互统一，才能成为真正的君子。在音乐中，他认为"乐而不

北京孔庙　为中国古代元、明、清三朝祭祀孔子的场所

淫，哀而不伤"才是一种最高的审美标准，即要有克制、有规范、有节制，符合"仁"的外在标准的"礼"，才能算是好的艺术。

孔子这种"善"与"美"兼而有之的审美标准，是继承和发展了春秋时期"和"的美学思想的。孔子提出"礼之用，和为贵"（《论语·学而》），也就是说，礼的作用是使人的关系变得更加和谐。就像音乐的和声一样，性质不同的东西巧妙地结合在一起，能达到意想不到的效果，产生和谐优美的旋律。

孔子重视美育，重视艺术在社会生活中对人们道德修养潜移默化的作用，其中他对于《诗》（《诗经》）的评价尤其高。他曾经劝学生学习《诗》，并说了它的几种作用，这就是著名的"兴""观""群""怨"观点。孔子认为诗歌可以使欣赏者的精神感动奋发，可以了解社会风俗，可以与社会上的人相互交流思想情感，还可以表达对社会的批判等。孔子简明扼要地表达了对艺术的社会功用的看法，这是其美学思想的重要内容。

此外，孔子还提出了著名的"比德"理论。比如他在观看奔流不息的河水时，以此比作人生的消逝过程；天寒地冻之时，他看到只有松柏挺拔不落，以此比喻君子的坚贞不屈。可见面对自然的一切，孔子时刻没有忘记人生社会的道德伦理。所以，孔子的美学思想是深深扎根在他的"仁"的道德伦理思想之上的。

第四节　庄子：自由之美

庄子，名周，战国时期宋国人，思想家、哲学家、文学家，是老子之后道家学派的另一位代表人物，与老子并称"老庄"。他的思想比老子更具体、更形象，被闻一多评价为"最真实的诗人"。

"道"生万物是老子最先提出来的，庄子作为道家学派的后起之辈，也继承了这一思想。庄子说："天地有大美而不言。"（《庄子·知北游》）这里的"大美"就是道。庄子认为，对于"道"的观照就是人生最大的快乐。但与老子不同的是，庄子没有把"道"作为一种生天地万物的物质形态，而是将宇宙本源的这种物质形态以"气"去代替。他说："人之生，气之聚也。聚则为生，散则为死。若死生为徒，吾又何患！故万物一也。是其所美者为神奇，其所恶者为臭腐。臭腐复化为神奇，神奇复化为臭腐。故曰：'通天下一气耳。'圣人故贵一。"（《庄子·知北游》）在庄子看来，人的诞生是由于气的聚合，气聚合到一起便形成了生命，气一旦离散，人便死亡。无论我们平时看到的美好的东西，还是腐臭的东西，其实质也不过是气而已，它们之间是可以相互转换的。我们平时所说的"化腐朽为神奇"就是这个意思。因此，天地万物实质都是气而已。庄子这种思想就是他哲学中的"齐物论"思想，万物同一，万物有这种物质上的统一性，可以相互转化，而不是固定不变的。这也是他思想中充满辩证性的特色所在。

庄子的美学思想是围绕着"自由"而展开的。这种"自由"来源于对"道"的观照，他通过孔子与老子的对话，说明了如何实现这种观照。有一次孔子去见老子，老子刚洗完头发，正披头散发等待它自然晾干。孔子看他的样子一动不动有如枯木一般,很是不解。老子回答说他在神游物之初的混沌之境。孔子问他如何能达到这种境界,老子举了几个例子,他说食草的动物不会因为沼泽地脏了要去更换而烦忧,水里的虫类不会因为水脏了要换水而烦恼,只是一些小的方面的变化,但基本的生存条件并没有失去,人心里就不会有喜怒哀乐的情绪。遗弃身上的附属之物就像遗弃泥土一样平常,如果能达到这样就可以进入观照"道"的境界了。在庄子看来,如果能排除生死得失祸福之类(这些都是凡人所日日忧虑的东西)的忧虑,也就是达到一种"无己"的境界,那就是得"道"了。庄子所说的"至人无己,神人无功,圣人无名"(《庄子·逍遥游》),也是这种境界。他进一步将这种"无己""无功""无名"的状态归之为"心斋",或者叫"坐忘"。"心斋"就是空虚的心境,只有心境空虚,排除杂念,才能把握世界"道"的本质;"坐忘"就是不再去考虑形体、五官等外在的生理机制的特点,从世人每天所争论的各种算计得失中解脱出来。达到这两种境界也就是达到了"无己""丧我"的境界,这时才能"观道",进入"至美至乐"的自由之境。也就是庄子在《逍遥游》中讲的"游"的境界:心外无物,无物无己,天地之间,任思想自由驰骋。

　　庄子提出的"心斋""坐忘"境界是中国美学理论上的一大贡献。我们可以从两个方面去理解:一方面,从艺术欣赏的角度来看,如果审美者不能摆脱实用、功利等目的,就无法发现真正美的自然。《庄子·田子方》中有个著名的例子"解衣般礴"可以说明这一点。宋元君想要人为自己画画,众位画师都拜揖而立,恭恭敬敬地润笔调墨准备着。有一位后到的画师,不慌不忙悠闲自如地走着,受命拜揖后也不在那站着,而是往馆舍走去。宋元君派人去看,见他脱掉上衣赤着上身盘腿而坐。宋元君说:"可以了,这位就是真正的画师。""解衣般礴"遂成经典,后世用这个词语形容艺术家创作时无拘无束、自由发挥的状态。另一方面,从艺术创造的角度来看,如果艺术家不能排除利害得失等私心杂念,就无法获得创造的自由和乐趣,也创造不出真正美的艺术品。《庄子·养生主》中也有一个大家熟知的例子,那就是"庖丁解牛"。庖丁之所以能不用眼睛看就可以游刃有余地将一头牛解剖完毕,是因为他已经有了三年的扎实的解剖经验了,他熟悉牛的每一个身体部位的构造和特点,因此才能运气凝神,手起刀落,解牛夺冠。也就是说,庖丁已经把握了"解牛"之"道",他不用再去像刚开始解牛般战战兢兢考虑牛骨位置,牛脏在哪,也不用去想如果解不好会不会丢脸或者失去参赛资格……他能达到这种排除杂念的境界的原因,是他已掌握并熟谙了这里面的规律，于是他在这个过程中获得的只有解牛带来的自由和快乐，他到达了一种高度自由的境界，他的解牛过程也像美的艺术品一样获得了赞美。我们当代所推崇的"大国工匠"精神，有许多艺术家就是因技艺的娴熟高超，在艺术创作中达到了高度自由的境界，也就是美的境界。

第五节　孟子：人格之美

孟子在哲学上发展了孔子的思想，提倡仁政，建立了以"民本"为基础的政治思想体系。在美学上，他以性善论为基础，讨论了人格美以及共同美感等问题，并试图把伦理提升到审美的高度，为战国时期的儒家美学开启了新的篇章。

孟子，名轲，鲁国邹（今山东邹城）人，战国时期思想家、教育家。孟子曾跟随孔子之孙（子思）的门人学习，继承并发扬了孔子的思想，成为儒家学派的代表人物，与孔子合称"孔孟"，有"亚圣"之称。孟子的思想和言论保存在《孟子》一书中，是儒家经典之一。

孟子提出"人性本善"，这是他美学思想的一个基础。他认为人生来就具有善心，这种善心就是仁、义、礼、智等道德观念的萌芽，一个人要具有完美的道德，必须通过道德的修养，发挥自己固有的善性。孟子以此为基础还引出了关于人格美的论述。他以同时代的乐正子为例，说明了什么是美与善。孟子听说鲁国想邀请乐正子去执政，高兴得睡不着。他认为乐正子是个善人、信人，并解释说："可欲之谓善，有诸己之谓信，充实之谓美，充实而有光辉之谓大，大而化之之谓圣，圣而不可知之之谓神。乐正子，二之中、四之下也。"（《孟子·尽心下》）在孟子看来，可以满足人的欲望的叫"善"，自己确实具有"善"就叫"信"，"善"充实在身上就叫"美"，既充实又有光辉就叫"大"，既"大"又能感化万物就叫"圣"，"圣"到妙不可知就叫"神"。乐正子是在"善"和"信"二者中，"美""大""圣""神"四者之下的人。在这里，他把人的道德修养分为几个等级——善、信、美、大、圣、神。这几个道德等级由低到高，最低的是善，最高的是神。可见在孟子的道德观念中，"美"高于"善"，并且含"善"。他把自孔子以来的儒家思想进行了修正，将审美层次拔高到道德伦理之上，这是他对美学思想的独特贡献。

孟子认为一个人的道德修养达到了"圣"这个等级，他的人格美就能对社会风尚产生极其深远的影响。在达到较高修养境界的"圣"的过程中，他提出了具体的实践方法，那就是"养气"。孟子曰："我善养吾浩然之气。"培养"浩然之气"须经过一个艰苦磨砺的过程。他说："故天将降大任于是人也，必先苦其心志，劳其筋骨，饿其体肤，空乏其身，行拂乱其所为，所以动心忍性，曾益其所不能。"（《孟子·告子章句下》）只有经过苦行僧般的身心磨砺过程，"浩然之气"才能养成，最终成为孟子心目中集浩然正气于一身的化身——"大丈夫"："居天下之广居，立天下之正位，行天下之大道。得志，与民由之；不得志，独行其道。富贵不能淫，贫贱不能移，威武不能屈，此之谓大丈夫。"（《孟子·滕文公章句下》）孟子要求的充实而又光辉的崇高境界是对孔子思想的一大发展。

此外，孟子在美学中还提到了"共同美感"这一重要概念。他认为正是因为人们有共同的感觉器官，如口、耳、目等，所以人才会有共同的美感。同理，因为人心也是相同的，所以对于理义也有相同的爱好，这是他对于自己"人性本善"理念的一种论证。"共同美感"理念的提出对艺术家的责任有了一定的要求，即艺术家作为人类专职的审美创造者，其创造的美既应适合人们的接受能力，又应提升人们的审美能力，艺术家应是人类审美活动的引领者，这又是战国时期儒家思想在美学领域的一大发展。

第六节　荀子：性"伪"而美

荀子，名况，字卿，战国晚期赵国人，思想家、哲学家、教育家，儒家代表人物之一。荀子对儒家思想的继承体现在他强调"礼"在社会规范中的作用。在美学上，他提出"乐合同，礼别异"的观念，进一步丰富了儒家美学思想体系。此外，与孔孟强调"天命"的唯心主义观念不同，他提出了"天行有常，不为尧存，不为桀亡"的"天人之分"的观点，颇具唯物主义色彩。在此基础上，他提出了"人之性恶"论，且只有通过"化性起伪而成美"的途径才能达到"善"的境界。

荀子认为自然界的运行有自己的客观规律，不以人的意志为转移，并不存在一个像"上帝""老天"一样的客观存在的"神"去主导世界的运转，这是荀子在天人关系方面十分富有唯物主义色彩的论述，也是他对孔孟"天命观"的直接否定。在方法论方面，他认为人可以收起崇拜、畏惧自然的心理，发挥自己的主观能动性去利用和改造自然。这是荀子对在他之前的所有关于宿命论思想的否定，对后人正确理解审美的主体与客体之间的关系，以及艺术与现实的关系都有重要的影响。

同时，荀子在审美认识中还特别看重理性思维。他提出，人的认识要依赖于人的感觉器官"天官"和思维器官"天君"。人的认识开始于人的感官对于外物的感觉，但是感觉还必须加上思维的作用，才能促成对外物的认识。他认为比起感觉器官来，"心"在认识中的作用更为重要，"心"与五官的关系就像君与臣的关系一样有主有次。"心"对五官获得的感觉材料进行分析、辨别，形成概念和判断，进而形成理性认识。在人的所有认识中，这种理性认识起主导作用。

此外，荀子还提出了"化性起伪而成美"的观点，此观点建立在他的"人性本恶"论的基础上。荀子说："人之性恶，其善者伪也。"（《荀子·性恶》）他认为人天性是恶的，善良的人是通过后天的学习和努力达到的。这里的"伪"就是人为的意思。正是因为"无伪则性不能自美"（《荀子·礼论》），所以荀子十分强调"师法之化，礼义之道"，也就是强调后天的道德学问的修养，这就是所谓"化性而起伪"。实际上荀子是把美的本质定位于人后天的社会属性，是人后天学习的结果，他这种改造自然的观点在当时十分可贵，是实践论美学的萌芽，因此具有重要的意义。

总体来说，荀子的美学建立在"以礼治国"的基础之上，他的审美理论从"善"出发，这种"善"就是要符合封建道德规范的"礼"。如他认为人表现出来的容貌形象不完全是天生自然的，有一些是通过内在的道德修养等内涵体现出来的，在这里他其实是区分了人的自然意义上的美丑与社会意上的美丑。我们经常说"腹有诗书气自华",就是这个道理。荀子认为,如果一个人容貌举止不符合"礼"的规范,说明他们缺乏道德学问的修养。归根结底,荀子认为审美从属于政治,这是对儒家思想的继承。

在"以礼治国"方面,荀子特别看重音乐的作用。首先,他认为音乐有五大特点:让人快乐、抒情、以声音为媒介、动态的艺术,以及音乐还通向"道"。这里的"道"是指社会道德,是指"礼",因此荀子也将音乐政治化了。其次,荀子认为音乐的功能是"和"。"和"即指具有调节的作用,从社会关系来看,音乐可以使群臣上下互相尊敬,使父子兄弟亲切和睦,使乡村中具有秩序。即音乐能够实现人与人之间情感的沟通,使政治、社会能够和谐有序。站在个人角度来看,音乐还能打破人的情欲与理智的对立,实现两者的统一。荀子强调音乐有"通道"和"通欲"两方面的性质,音乐既可以满足人对于美感和快感的追求,能得到欲望的满足,又能让人知道在社会生活中应该做什么,应该怎么做,能够控制和调节对欲望的追求。最后,荀子还将"礼"与"乐"的关系进行了区分和联系,提出"乐合同,礼别异"的观点。他认为二者功能不同("礼"能使国家有秩序,"乐"能使国家成员和谐相处),但对于治理国家而言,这两者又是统一的。礼是治国最主要的手段,国家要治理得好,必须具有一定的法则和秩序。"礼别异"就是指礼将社会中的人分成不同的等级,大家各在其位,各尽其职,这样社会才会有秩序,易于管理。但是"礼"将人分成不同的等级,而且每个等级的地位、权力和利益不同,这就容易造成各个等级之间甚至等级内部出现对立和紧张,不利于社会的安定。这时就需要"乐"来发挥作用。"乐合同"指的是音乐通过促进人与人之间情感的交流,来缓和人们之间的矛盾,使人际关系更加和谐。由此可见,"礼"和"乐"都是治理国家的重要手段。此外,荀子还认为音乐可以寄托作者的情感,放松欣赏者的情绪,促进人与人之间的交流与和谐。音乐是美的,同时也是善的,这就是荀子所谓的"美善相乐",即美与善在音乐中得到统一。

第七节 《周易》："象"之美

《周易》是一部古老的哲学著作，分为《易经》和《易传》，作者暂无定论。《易经》的内容是用来卜筮的卦和卦辞；《易传》是对《易经》的解释和在此基础上的发展，它保留了《易经》中的巫术宗教形式，借此搭建了一个以阴阳为核心的哲学思想体系，充满了深刻的辩证法思想。《周易》自汉代起就成为儒家经典，是群经之首，它虽然没有直接谈到美学，但是它的哲学思想为中国古典美学奠定了基础，尤其是用"象"来表示万事万物，是意象理论的来源。

《周易》源自上古时期的占卜，跟我们现在所说的"算命"类似。那时候人类的生产能力和认识自然的能力有限，把一些未知的事物和现象都归结为神灵的作用，需要借助神灵之力去占卜未知，以增加行事成功的概率。《易经》中最基本的就是"八卦"——乾、坤、震、巽、坎、离、艮、兑。这是远古先民从日月星辰、四季轮回中强烈感受到规律的存在，并以天、地、雷、风、水、火、山、泽等不同的品性，对自然进行认知。他们从占卜材料中构建了一套模式，叠加而成的八卦对应着各种祸福，用自然的形象来象征。因此，它又是中国古代一套有象征意义的符号体系。每一卦形都有一个基本的意指，如以乾卦的"天"意指"健"，以坤卦的"地"表示"顺"，以震卦之惊"雷"意指动，以巽卦之"风"表示"入"，以坎卦之"水"谓之"陷"，以离卦之"火"意指"离"，以艮卦之"山"意指"止"，以兑卦之"泽"谓之"说"。在"八卦"基础上又延伸出了"六十四卦"，这样一来就几乎把大千世界的各种状态都包罗进去了。可见这套以自然万物象征世间形态的符号体系，其形成离不开"象"（形象）的基础。

《周易》中最重要的美学贡献就是提出了"象"的命题："《易》者象也，象也者像也。"（《易传·系辞传》）整部《易经》都是"象"，都是以形象来表明义理。艺术形象以形象来表达情意，《易经》以形象来表达义理，二者虽然貌似不太一样，但在借形象来表达社会生活的内容方面，却是相通的。比如《周易》中"鸣鹤在阴，其子和之。我有好爵，吾与尔靡之"（《中孚·九二》），意思是两只白鹤在树荫里唱得多好听呀，让咱们一起来快乐地干一杯吧！这与《诗经》中的"呦呦鹿鸣，食野之苹。我有嘉宾，鼓瑟吹笙"（《诗经·小雅·鹿鸣》）何其相似，二者运用的都是我们所说的"赋、比、兴"中的"兴"的手法，即先言他物以引起所咏之词。从这点上讲，《易经》虽然不是直接的审美形象，却可以通向审美形象。

　　《周易》不仅提供用符号来象征实物的方法，强调了"象"，而且还提出了"立象以尽意"和"观物取象"的命题。

　　先看"立象以尽意"。《周易》通过"书不尽言，言不尽意"来引出"立象以尽意"的命题。也就是说无论书信（文字）还是语言，都无法完全准确地表达出个人的思想内容，那怎么办呢？只能通过"立象"的方法来达到准确表达个人思想内容，通过采用形象的办法来达到文字和语言无法表达的含义。这就是形象的高明之处。因为语言和文字是经过抽象化了的、概念化了的东西，是将个别的东西进行普遍化归纳的结果，那再用它去表达个别的想法和思想，肯定会存在"言不尽意"的结果。而通过"立象"的方法为什么能化解这一矛盾呢？因为形象是个别的东西，它是生动、感性的实体对应物，通过它可以以小喻大、由此及彼，就像艺术形象以个别表现一般，以有限表现无限的特点一样。可以说，"立象以尽意"为我们美学中常说的艺术典型的问题奠定了理论基础。

　　再来看"观物取象"。《周易》中讲："古者包牺氏之王天下也，仰则观象于天，俯则观法于地，观鸟兽之文与地之宜，近取诸身，远取诸物，于是始作八卦，以通神明之德，以类万物之情。"（《易经·系辞传下》）古代伏羲氏治理天下的时候，抬头看天象，低头观地法，从鸟兽纹理以及大地景观中总结规律，近处择取众多自己亲身体验的事物，远处择取众多观察到的事物，于是根据这些情况开始创作八卦，用来传告治国良才的仁慈政治措施，用来类推宇宙间一切事物的实际情况。这是告诉我们圣人是怎样从自然和生活现象中总结规律，创造出"象"来的。这个过程也说明"象"表现的不仅仅是事物外在的形态特征，更包含着内在的变化规律。比如《易经》中的乾卦，象征着天，意指"健"。《周易》把"天"作为首项命题推出，意味着整体格局的宏大、开阔、刚健。正是"天"包容了春、夏、秋、冬，运行不息，变化无穷，构建起世间的勃勃生气。《周易》以此开局，格局高畅，充分体现了中国文化的初醒之气。可见"观物取象"不仅表明了古人如何从自然生活现象中总结规律的过程,也体现了古人"仰观俯察"的一种整体观的观物方式。王羲之《兰亭集序》中的"仰观宇宙之大,俯察品类之盛,所以游目骋怀,足以极视听之娱,信可乐也。"这告诉我们,观察事物不能只着眼于局部或者某一孤立对象或者某一个固定的角度,而要着眼于宇宙万物,着眼于整体。艺术也是如此,只有仰观俯察,游目骋怀,才能得到审美的愉悦。

除了"象"的命题,《周易》中还包含着丰富的辩证法思想,如"阴"与"阳"、"刚"与"柔"等,这些对立统一的概念进一步丰富了中国古典美学的思想文库。我们看《周易》中八卦以及由它重叠而成的六十四卦,最初就是由阴阳二爻构成的。"一阴一阳之谓道,继之者善也,成之者性也。"(《易传·系辞上》)古人仰观、俯察取类比象,将自然界中各种既对立又相互联系的现象,如天地、日月、昼夜、寒暑、男女、上下等抽象归纳出"阴阳"的概念,把矛盾运动中的万事万物概括为"阴""阳"两个对立的范畴,并以双方变化的原理来说明物质世界的运动变化。即便生活在当代的我们,生活中也处处充满阴阳的智慧,如自然界中生物的基因、人工智能中的二进制都充分彰显了阴阳的生命力。美学上关于"气"的讨论,后来谢赫"气韵生动"的观点,也都是建立在以"阴""阳"为代表的辩证法思想的基础上。

《周易》为中国古典美学的"象"的概念奠定了基础,蕴含着丰富无比的辩证法思想,是中国古典美学不可或缺的一环。

第八节 《管子》:"精气"说与"虚""静"论

《管子》一书并非春秋时期齐国政治家管仲所著,其大部分内容是由战国时齐国推崇管仲的法家学者所编写的。到了西汉,经学家、文学家刘向又对其进行了编订。该书内容兼具各家,但主导思想却是法家。书中记载了管仲的轶事和思想,其中的《心术》(上、下)与《白心》《内业》四篇另成体系，是对管仲思想的发挥，通称《管子》四篇。

　　管子名管仲，颍上（今安徽颍上）人，春秋时期齐国政治家、军事家。管仲早年与鲍叔牙合伙经商，后来两人都成了齐国的政治家，他们的友谊也一直被后人称颂。管仲曾任齐国相国，辅佐齐桓公成为春秋第一霸主，因此有"春秋第一相"之称。《管子》四篇内容庞杂，在美学方面最主要的贡献是提出了"精气"说和"虚""静"论等，这些理论不仅继承了之前的黄老学说，也为中国美学之后"气韵生动"等观点的提出奠定了基础。

　　先看《管子》四篇中的"精气"说。管子对事物的理解与评价是以他的精气说为基础的，可以说，事物中充满精气就是美的，事物中没有体现精气就不美。老子提出"道"是世界的本源，"气"包含在"道"中，分为阴、阳二气，是混沌的。《管子》四篇对此做了补充，认为"道"就是"气"，"道"和"气"是宇宙万物的根源和本体。《管子》还提出"精"的概念，"凡物之精，此则为生，下生五谷，上为列星"。"精"就是精细的"气"，宇宙万物，下至五谷，上至星空，都是由精气产生的，精气流动于天地之间，就叫作"鬼神"，藏于人的胸中，使之成为"圣人"。既然"精"是精细的"气"，"气"又是"道"，它们同为世界的本源，则三者是一个概念，它们是一种细小而无所不在的事物，是客观的，具有流动性，能产生万物。孟子也提过"养气"，他是在《管子》精气说的影响下提出的。所不同的是，《管子》中的"气"是物质的、客观的，而孟子所说的"气"是一种主观精神。从这一点来讲，《管子》四篇从唯物主义角度说明了宇宙的统一性在于它的物质性，这是它的时代进步性。

　　正是在这种唯物论基础上的哲学世界观，使《管子》四篇中的美学追求也带有唯物色彩。《管子》中说："凡人之生也，天出其精，地出其形，合此以为人。"意思是人是由"精"和"形"构成的，"精"是"气"，"形"也是"气"，有了"气"才有生命。而且一个人"精气"越多，生命力就会越强，也越有智慧。既然人是由精气组成的，且精气对于人的生命、精神、智慧都至关重要，那么人们就应该保持身体中原有的精气，同时争取吸取更多的精气到自己的身体中。要做到这一点，就要保持虚静。这便是《管子》四篇中提出的"虚一而静"的命题。

　　再来看《管子》中的"虚""静"论。"虚一而静"中的"虚"是指排除主观的欲望和杂念，做到忘记自己；"一"是一心一意、专心的意思；

"静"则是保持心中平静的状态。只有做到这样，精气才能进入体内并安定下来。但是"虚一而静"并不是主张与外界隔绝，而是为了更好地认识外部世界。"心"其实是指人的头脑和思维，只有内心平静了，才会注意到周围细小的事物，使事物的本来面目进入人心，人才能更好地思考，从而变得更有智慧。可以看出，《管子》强调思维和理性的作用，这是对老子"涤除玄鉴"思想的继承和发展。另外，由于"虚一而静"是与"精气"说紧密结合在一起的，后世经常把它作为艺术灵感来临的理论依据，比如"文思泉涌""灵光乍现"等说法。

总体而言，《管子》四篇中的美学思想充满了唯物论的色彩，尤其是"精气"说，是中国美学发展史上的一个重要环节。

第九节 《乐记》：礼乐之美

《乐记》是中国古代第一部比较系统的音乐著作，是自孔子以来对儒家音乐美学的系统概括，现存世共十一篇。关于《乐记》作者及成书年代，历来有两种说法：一种说法认为是战国时期孔子的再传弟子公孙尼子所作，另一种说法认为是西汉河间献王刘德及其门人搜集整理编订。书中的主要思想来源于先秦诸子，尤其是儒家对于音乐的论述。《乐记》中有许多关于音乐的观点与荀子对音乐的论述相似，如"礼辨异，乐和同"等，二者到底谁先谁后，学界有争议，此处不论。《乐记》中谈到了音乐的起源、音乐的本质等问题，其中绝大部分篇幅论述了礼、乐在社会生活的作用，这是它的美学思想主干。

《乐记》在第一篇中就讲了音乐是怎样产生的："凡音者，生人心者也。情动于中，故形于声；声成文，谓之音。"（《乐记·乐本篇》）音乐是人心受到外物的影响而产生的，其中还包含了一个由自然的"声"到审美的"音"，再到"乐"的转化过程。人心受外物的影响而兴奋，所以通过声音表现出来。各种声音互相应和，从而产生条理次序的变化，称为音。音合在一起弹唱，配以道具干戚、羽旄的舞蹈，称为乐曲。《乐记》将"声""音""乐"三个概念加以区别，这是美学史上的一个进步。从"声"到"音"和"乐"的转换，既有形式美的规范，又有社会伦理道德的规范，所以它说："乐者，通伦理者也。"（《乐记·乐本篇》）《乐记》认为，太平时代的音乐是安详的，也是使人感到幸福快乐的，这是政通人和的表现；动荡时代的音乐是愤恨的，音乐充满悲怆与忧思，是政权衰落的表现，也是国民生活处境艰难的表现。所以依《乐记》所说，音乐之理与政治是相通的。

《乐记》对音乐的社会作用也谈了许多，如从身体机制而言，它可以使人心气平和，耳聪目明；从社会伦理角度而言，它可以使人们懂得道德伦理，分辨善恶；从治国齐家角度而言，它还可以使君臣互相尊重，父子兄弟间互相和睦等。尤其在"礼"与"乐"的关系上，更是如此。它与荀子阐述的"礼辨异，乐和同"基本无异，《乐记》指出，以礼制人之心，以乐调和人之情，以政令使人遵从礼乐，用刑法来防止违背礼乐。礼、乐、刑、政，四者通达而不违逆，此乃治天下之正道也。但《乐记》将"礼"与"乐"关系推到了一个新的高度："大乐与天地同和，大礼与天地同节。"（《乐记·乐论篇》）在这里《乐记》将"礼"这种人类社会的秩序看成天地自然的秩序，把"乐"这种人类社会所创造的情感和谐看成天地自然的和谐，其对"礼""乐"地位的拔高可见一斑。

《乐记》说："乐者为同，礼者为异。同则相亲，异则相敬。乐胜则流，礼胜则离。合情饰貌者，礼乐之事也。"（《乐记·乐论篇》）这里把"礼"与"乐"的不同作用阐述得十分清楚，乐用来协调人们的关系，礼用来区别尊卑贵贱。有了音乐的协调，才能使人亲近。正是因为"礼"与"乐"在社会规范方面的不同作用，所以君主在治理国家时，应让这二者用之有度，不可偏废一方，因为过分的作乐会生出烦恼，制礼不精则失之偏颇。只有将二者协调起来，才能真正达到好的治理效果。

《乐记》总结前人对音乐的看法，形成了具有系统性的观点，提出了多个美学命题，尤其是"礼乐并济"对社会规范的重要作用，影响着后世人们对音乐的欣赏与创作。

第二章 汉代——古典美学的展开

汉代的美学思想与前面的先秦时期和后面的魏晋时期相比，较为单薄。汉代美学可以说是先秦美学和魏晋美学之间的过渡。汉朝统治者吸取秦朝灭亡的教训，注重文化建设，儒家、道家等先秦重要学派都在此时有了进一步发展。尤其是《淮南子》中的形神论以及王充的自然元气论，促进了魏晋南北朝时期老庄美学的回归。

第一节 《淮南子》：美与美感

到了汉代，先秦时期百家争鸣的思想局面已经趋于综合。如果说从孔孟之道及至《荀子》，再到《吕氏春秋》表明了儒家思想的综合趋势，那么《淮南子》就是老庄之后道家思想的延续与综合。汉初面对秦末战乱的破败景象，统治者采取"与民休息"的黄老之学治世理政，《淮南子》就是产生于这样的背景下。

《淮南子》由西汉淮南王刘安组织其门客集体编著。刘安是汉高祖刘邦的孙子，寿春（今安徽寿县）人，西汉思想家、文学家。他好读书，善文辞，礼贤下士，宾客盈门。《淮南子》原名《淮南鸿烈》，它以道家思想为主，兼容儒、墨、道、法等多家思想，内容庞杂，其中涉及的美学思想虽然零散，但对后世有很深的启发。

关于生命问题，一直是先秦以来美学所关注的重点之一。比如《周易》提出的与"象"相对应的"形"，《庄子》中提到的形神问题，《淮南子》在前代的基础上，把"形""气""神"三个概念放到一起进行谈论："夫形者，生之舍也；气者，生之充也；神者，生之制也。一失位则三者伤矣，是故圣人使人各处其位，守其职而不得相干也。故夫形者，非其所安也而处之，则废；气不当其所充而用之，则泄；神非其所宜而行之，则昧。"（《淮南子·原道训》）《淮南子》认为，"形"是人的身体寄托的物质外壳，"气"是充满于身体各处的一种生命物质，"神"就是人的精神，是统率整个身体的关键所在。这三者是一个相互统一的整体，缺一不可。有时，《淮南子》会在"形""气""神"这三者之外，再加上一个"志"，构成生命的"形气神志"模式。这里的"志"有意志、理性思维的意思，这样在原来道家思想"神气"说的基础上，其实多了一层儒家思想的烙印，体现了儒家严格约束自身和入世治世的思想。

对于美丑，《淮南子》首先肯定了它的客观性。如美玉即使掉到淤泥中，廉洁的人也不会放弃它。破瓦罐、烂席子即使被摆在华美的地毯上，贪婪的人也不会去拿取。这说明美与丑本身是客观存在的，人们并不能随心所欲地加以改变。虽然美丑是客观的，但也不是绝对的，再美的事物也有丑的地方，再丑的事物也有美丽之处。外形粗糙的石头在一般人眼中是丑陋的，但在赏石家眼中，却可能因为它的独特外形而具有特别的观赏价值，从而价值倍增。在西方人眼中优雅的东方美人，在中国人眼中可能因为五官不符合一般审美而否定她的美。"夫夏后氏之璜，不能无考，明月之珠，不能无颣，然而天下宝之者何也，其小恶不足妨大美也。"(《淮南子·氾论训》)一块天然的玉石，你仔细看，里面不可能没有一点瑕疵，有的包含一些杂质，有的在上万年的石化过程中还可能有其他矿物元素沁过的痕迹，然而这些小的"丑"并不妨碍它的大"美"。在《淮南子》看来，美丑的判定要通过一个整体去看待，而不能只看局部。我们说的"人无完人"也是这个道理，再厉害的治国君王也有他治理不善的地方。再罪大恶极的人，性格中也会有一两处闪光点。从这点上讲，《淮南子》充满了辩证法思想。

在美的存在形式上，《淮南子》认为美的形式多种多样，而非唯一。就像我们在举行选美比赛的时候，每个国家和民族都会有自己的审美标准一样。先秦时期诸侯争霸，每个国家的治理方式不同，它的音乐也不尽相同。孔子认为《韶乐》尽善又尽美，《武乐》只有美而没有善，但其他人未必这样认为。这种多样化的发展模式，对艺术是有积极意义的。

人们对美之所以会产生不同的认识，有时候甚至是截然相反的感受，《淮南子》给出了一个重要解释，那就是美感的差异性。"夫载哀者闻歌声而泣，载乐者见哭者而笑。哀可乐者，笑可哀者，载使然也。"(《淮南子·齐俗训》)"心有忧者，……琴瑟鸣竽弗能乐也。"(《淮南子·诠言训》)一个心里忧伤的人，听到一首舒缓优雅的轻音乐也会落泪，一个满心欢喜的人即便见到哭泣的人，也不一定会跟着他一起哭。审美感受的不同，原因是多方面的，有欣赏者本身心理状态的原因，也与他的审美鉴赏力水平有关。《淮南子》还提到了审美感官的问题，认为虽然穿衣吃饭是人们维持生命的基本条件，但如果生命仅限于此，是感受不到美的。这里面提到了两个重要的器官——耳、目（中国古人认为，听觉与视觉是与人的审美直接相关的，因此耳、目在审美上比其他五官要重要得多）。但是光有耳、目还不够，还要依靠"形气神志"这些心理系统，才能真正感受到美。《淮南子》

中的这些论述对于后世的艺术接受问题提供了许多启发。

另外,《淮南子》关于美学思想还有很难得的一点,就是它提到了劳动的作用:"清醯之美,始于耒耜,黼黻之美,在于杼轴。"(《淮南子·说林训》)在这里,"醯"指美酒,"耒耜"是古代的一种劳作农具。也就是说,人们之所以能品尝到酒的美味,是因为人们辛勤劳动种植了庄稼,继而用劳动的果实酿造了美酒。它将美与人的社会劳动联系起来,这比马克思、恩格斯的"艺术劳动说"早了近两千年。

第二节　董仲舒:"天人合一"说

董仲舒,广川(今河北景县)人,西汉著名思想家,被称为"汉代第一大儒"。他一生治经著述,开一代经学之风。他广采博纳,实现了对先秦诸子的真正综合,构建了一套新的儒学体系。特别是他首倡"罢黜百家,独尊儒术",得到汉武帝的肯定,儒学从此登上封建社会意识形态的宝座,巩固和加强了以刘氏皇帝为核心的中央集权王朝统治,促进了西汉王朝大一统局面的形成和西汉社会生产力的发展。他的思想集中体现在《春秋繁露》一书中。

董仲舒在《春秋繁露》中提出汉继秦必须"更化"(即改革),还向汉武帝提出了进行"更化"的种种方策,其中最重要的是指导思想上的改革,即实行"大一统"和"独尊儒术"的方针:"《春秋》大一统者,天地之常经,古今之通谊也。今师异道,人异论,百家殊方、指意不同,是以上亡以持一统;法制数变,下不知所守。臣愚以为诸不在六艺之科、孔子之术者,皆绝其道,勿使并进,邪辟之说灭息,然后统纪可一而法度可明,民知所从矣。"(《汉书·董仲舒传》)董仲舒认为,君主之所以没法实现统一,以致臣下也不知道该遵守什么,是因为每个经师传授的道不同,每个人的论点各异,百家学说旨趣也不同。因此他提出所有不属于儒家"六艺"范围之内、不符合孔子学说的学派,都禁绝其理论,不许它们与儒学并进,使邪恶不正的学说归于灭绝，这样做就能政令统一，法度明确。董仲舒的"大一统"思想建立在《春秋公羊》的基础之上，这虽是关于政治方面的政策，但对整个汉代时代风貌的变化也起到了巨大的影响。最典型的一点就是汉代巨丽美学的形成。秦汉的大一统形成了秦汉美学对大的推崇，在美学上体现为一种巨丽之美。

汉赋作为汉代的一种主流艺术形式，对这种巨丽之美体现得尤为明显。如司马相如的《子虚赋》通过写楚国的子虚先生出使齐国，子虚先生向乌有先生讲述随齐王出猎，齐王问及楚国之事，极力铺排楚国之广大丰饶，以至云梦不过是其后花园之小小一角。乌有不服，便以齐国之大海名山、异方殊类，傲视子虚，其铺陈浩大的文风表现了汉王朝的强大声势和雄伟气魄。而他的《上林赋》写天子的上林苑更为巨大，那浩浩荡荡的八川之水，流向各异，变化多端。有东有西，有南有北，奔驰交错，往来不息，有的出自双峰对峙的椒丘，有的穿行淤积沙石的淤洲，有的贯通郁郁葱葱的桂林，有的经过广大无边的原野……以司马相如、扬雄为代表的汉代文人，其辉煌巨制的汉赋作品向我们昭示了一种巨丽的时代精神和审美风貌。

董仲舒对于美学的主要贡献，还体现在他论述的"天人感应"说。天人关系是中国古代哲学最为关注的重大问题。董仲舒所提出的天人感应目的论就是他对天人关系的回答，也是他的自然神论宇宙观的核心。在董仲舒看来，"以类合之，天人一也"（《汉书·董仲舒传》），也就是他认为上天与人的结构是一模一样的，因此二者是互相感应的。如果国家的治理之道是错误的，那么上天就会用各种天灾的形式去警告人们。如果君王还不知道自省，那上天就会出现各种怪异的现象去警告他。这种思想其实来源于原始社会的巫术思想，在先秦的《易经》中也有典型的表述。在此基础上，董仲舒将儒家一再强调的"仁"的思想上升到了"天"的高度："仁之美者，在于天。天，仁也。"（《春秋繁露·王道通天》）董仲舒认为"天"是圆满道德的化身，"天之道，有序而时，有度而节，变而有常，反而有相奉，微而至远，踔而致精，一而少积蓄，广而实，虚而盈"（《春秋繁露·天容》）。天之美在于仁，所以人"取天地之美以养其身"（《春秋繁露·天循之道》），体现了他将天之"道"比附于人、将人之道求证于天的"天人合一"思想。在《春秋繁露》中，他对天人关系的探讨可谓不厌其烦，穷究其理。他不再是单纯地探讨大自然的本质和奥秘，而是把自然物与人的文化相联系，并在这个联系中阐述天道和人道。这也就是所谓真、善、美三者的统一。天、地、人三者为万物之本，互为手足，创造了人化的自然万物，所以为"真"；天有仁爱之心，生万物以养人，而人亦"化天理而义"，明诗书，懂礼义，知人伦，所以为"善"；天地有"中和"之气以生人，而"中和者，天地之大美也"，所以为"美"。由此可以看到，董仲舒自然神论虽有一层神学的或神秘主义的色彩，却有很多合理的成分。从美学的角度来看，这种思想把"天"这一自然事物予以人格化，赋予它生命和情感，并把它神秘化、审美化，具有强烈的美学意味。

此外，这种天人合一的哲学思想也是中国古典美学重要的哲学依据。如董仲舒曰："喜气取诸春，乐气取诸夏，怒气取诸秋，哀气取诸冬，四气之心也。"这就是说，人的喜怒哀乐等情感与四季中春夏秋冬的变化密切相关，而情感是在景物变换中产生的，这就是美学理论中所谓的"情由景生"。有哪一种景致，就会产生哪一种情怀：看到春天的柳树发芽，夏天的林木葱郁，人的心情也常常明媚开朗；秋季树叶凋零，冬季萧条暗淡，心情也会低落，黯淡无光。虽然这种影响轻微而难以觉察，但客观存在，成为人之常情。可以说，董仲舒由"天人感应"关联的美学思想对中国诗学情景交融、情因景生等理论的发展产生了重大影响。

第三节 《说苑》：儒家的美学思想

刘向，字子政，西汉皇室宗亲，沛郡丰邑（今江苏丰县）人，经学家、文学家，在经学、诸子、辞赋方面均有较深造诣。他以《别录》开中国目录学之先河，著名的《楚辞》也是刘向在前人的基础上整理的。《说苑》是刘向的散文作品，记述了春秋战国至两汉时期的一些历史故事，并附有作者的议论文字，为魏晋小说的先声。其中有许多治国安民的哲理格言，集中体现了儒家的政治理想和伦理观念，也包含着丰富的美学思想。

《说苑》共二十卷，每一卷都有题目。依次编排为：君道、臣术、建本、立节、贵德、复恩、政理、尊贤、正谏、敬慎、善说、奉使、权谋、至公、指武、谈丛、杂言、辨物、修文、反质。单从目录来看，就体现了浓厚的儒家道德伦理气息。《说苑》在美学方面的贡献，也与儒家一贯倡导的礼乐文化紧密相关。

从治国层面，刘向将礼与乐看作治国之本，二者缺一不可，并且各司其职：礼正外，乐正内。外在通过一系列规章制度强制约束人们言行举止，以巩固统治秩序；内在通过音乐熏陶感染人们的情感，使人们自愿接受统治。在修身层面，刘向提出："君子以礼正外，以乐正内。内须臾离乐，则邪气生矣；外须臾离礼，则慢行起矣。"（《说苑·修文》）也就是说，君子用礼端正外表，用乐端正内心。如果内心片刻离开音乐，邪气就会产生；外表片刻离开礼仪，怠惰行为就会产生。举个例子，古时天子诸侯常听钟声，未曾使它离开朝廷；卿大夫常听琴瑟，未曾让它离开眼前。这是为了培养端正的思想并熄灭邪气。音乐触动人的内心，使人改弦易辙、倾向善良；音乐也能改变人的外表，使人温和恭敬、文质彬彬。

刘向的观点是对孔子"文质彬彬"思想的继承和发展。在"质"与"文"的关系上，传统儒家观点以"质"为第一位，刘向的观点与此观点一致，他也认为"质"是起决定作用的："德不至，则不能文。"（《说苑·修文》）刘向的"食必常饱，然后求美；衣必常暖，然后求丽；居必常安，然后求乐"（《说苑·反质》）的观点，也是建立在"文质彬彬"的基础之上。他认为人只有在吃饱、穿暖、安居之后才会追求美丽和快乐。功利先于审美，只有在保障基本生存的前提下，人们才会有心思去追求更高层次的东西。他认为过分追求美，将很多精力放在对房屋建筑的雕刻、修饰，对衣料布匹的加工、纺绣上，就会影响正常的农业生产和女红制造。尽管对"质"重视，但刘向毫不轻视"文"，甚至对"文"更加重视，比如他特意谈到了人的容貌、衣服和语言。刘向认为，对容貌的修饰使男子更加受人尊敬，女子更加美丽。修饰声音，可以更加悦耳。"文"具有悦目、悦耳的作用，因此具有审美性。从刘向对"文"的重视可以看出他对形式美的崇尚。

儒家思想对美的谈论往往离不开善，也就是道德社会层面的思想。刘向对孔子提出的"知者乐水，仁者乐山"的思想做了进一步的阐发。明智的人为什么喜爱水呢？是因为水一方面源流潺潺，昼夜不停，好像努力向前似的；另一方面它还顺着一定规律流动，不遗漏细小的空隙，好像主持公平似的；它一流动就向下，好像有礼节似的；它奔赴千仞深谷毫不迟疑，好像勇敢似的；堵塞起来就会澄清，又好像懂得天命似的；当不干净的东西进入水中，又以新鲜清洁的面貌被送出，好像善于教化似的；人们用它作为平的标准，能使各类事物平正，万物得到它便能生存，失去它便会死亡，好像有德泽似的；清澈幽深，不可测度，好像圣人似的。它普遍地滋润天地万物，国家得以构成。这就是明智的人喜爱水的原因。仁爱的人为什么喜爱山呢？因为高山险峻连绵，是万民观赏仰慕的对象。草木在上面生长，众多的生物在上面生存，飞鸟聚集在那里，走兽栖息在那里，宝贵的资源在那里生成，才能出众的隐士在那里居住，养育万物却从不厌倦，四方的人都各取所需从不受限。众山生出风云，沟通天地间的大气，国家得以构成。这就是仁人爱山的原因。

刘向的《说苑》是董仲舒以来的新儒学的代表，它以孔孟之道为主，援引杂家，对先秦以来的儒家思想进行了总结，其言语论说间闪耀着关于美学的吉光片羽，对我们重新认识儒家美学深有启发。

第四节 《毛诗序》：诗歌的社会功能

《诗经》作为"五经"（《诗》《书》《礼》《易》《春秋》）之一，在汉代成为儒家经典。汉代传授《诗经》的有齐、鲁、韩、毛四家，四家传诗都有序，但是齐、鲁、韩三家的序已经散失了，流传下来的只有《毛诗序》。《毛诗序》又分为大序和小序，大序是指写在第一篇《关雎》题目下的一篇文字，是全部《诗经》的序言；小序则是写在各篇题目下用来解释诗文意义的文字。小序已经失传了，所以现在的《毛诗序》指的是大序。关于《毛诗序》的作者，现在还没有定论。

《毛诗序》反映了汉代儒家的美学思想，其中论述了"风教"说、"诗言志"说、"变风变雅"说等观点，强化了诗歌的社会、政治、伦理功能，对后世产生了深远的影响。

由于《毛诗序》写在《关雎》一诗的题下，所以序的开头说《关雎》是用来称颂后妃美德的，是国风的开始。接着说："风，风也，教也，风以动之，教以化之。"风，这种诗歌文体是用来教育、感化人民的。关于诗歌的教化功能，《毛诗序》具有儒家浓厚的政治伦理色彩。

《毛诗序》指出诗的"风教"作用后，又提出"诗言志"的观点："诗者，志之所之也；在心为志，发言为诗。情动于中而形于言，言之不足，故嗟叹之；嗟叹之不足，故永歌之；永歌之不足，不知手之舞之，足之蹈之也。"大意是，诗歌是志向的抒发，志向在心中为志向，用语言表达出来就是诗歌。心中产生了情感的波动，就想要用言语表达出来，言语不足以表达的话，就会感慨叹息，感慨叹息仍意犹未尽，就会用诗歌来吟咏，仍不能尽兴，就禁不住手舞足蹈了。这就说明了诗歌是人心中情感、志向的表达。这是《毛诗序》从诗歌产生的角度探讨诗歌的两个特性。同时，"志"除了有志向、怀抱的意思，还有记忆、记录的意思，即对历史事件、社会生活做一定的记录。也就是说《诗经》的主要特点是抒情和言志，但是也记录和保留了许多先秦的重要史实。

《毛诗序》不仅直接指出了诗歌具有"风教"功能，还从"诗言志"引申到了诗歌对社会政治的反映，这些都是强调诗歌的社会功能。诗歌既是人志向、情感的表现，也是对社会生活的记录，又具有教化和讽刺的功能。因此，从诗歌中往往能看出人们的情绪，看出社会政治的状况。《毛诗序》从《乐记》中引用了关于诗歌的记录："治世之音安以乐，其政和；乱世之音怨以怒，其政乖；亡国之音哀以思，其民困。""治世""乱世"和"亡国"三种情况下的音乐截然不同，不同特点的音乐能够反映出社会政治的盛衰得失，而诗歌与音乐一样，都是情感的抒发。刘向由此提出了"变风变雅"的观点。"风"和"雅"是《诗经》中两种不同的体裁，"风"是地方民歌，"雅"是宫廷乐曲，它们都是对社会生活和政治的反映。"正风、正雅"是治世之音，"变风、变雅"是乱世之音。

《毛诗序》指出诗歌有"六义"——"风、雅、颂、赋、比、兴"。前三种是诗歌分类的三种体裁，后三种是艺术表现的三种方法。《毛诗序》对"风、雅、颂"做了详细阐释，天子用"风"来教化平民百姓，平民百姓用"风"来讽喻天子诸侯，用深隐的文辞来做委婉的劝谏，这样写诗的人不会获罪，听诗的人足可以警诫，这就叫"风"。这里是从"自上而下"和"自下而上"两个方面对君主与人们之间进行委婉沟通。"雅"是正的意思，说的是王朝政教兴衰的缘由。政事有小大之分，所以有"小雅"和"大雅"。"颂"就是赞美君王盛德，并将他的成功事业禀告神灵。简言之，风是产生于各诸侯国的地方诗歌，雅是产生于周朝中央地区的朝廷诗歌，颂是祭祀时赞美祖先的诗歌。而"赋、比、兴"作为艺术表现手法，虽然没有在《毛诗序》中详细论述，但《毛诗序》中诗歌"六义"的提出对中国古代诗歌理论和创作产生了不可磨灭的影响。

第五节　司马迁："发愤著书"说

司马迁，字子长，夏阳（今陕西韩城）人，西汉著名史学家、文学家。司马迁撰写了中国第一部纪传体通史——《史记》，该书记述了自上古黄帝至汉武帝时期三千多年的历史，内容翔实，语言生动优美。因此《史记》既是一部史学巨著，同时也是一部了不起的文学著作，被鲁迅评价为"史家之绝唱，无韵之离骚"。

如果说"发乎情，止乎礼"是《毛诗序》为士人定下的"中和"标准，那么司马迁的"发愤著书"说则是冲破这一标准的典型体现。在《史记》这本书里，司马迁是这样表述前人及自己的写作缘起的："昔西伯拘羑里，演《周易》；孔子厄陈、蔡，作《春秋》；屈原放逐，著《离骚》；左丘失明，厥有《国语》；孙子膑脚，而论兵法；不韦迁蜀，世传《吕览》；韩非囚秦，《说难》《孤愤》；诗三百篇，大抵贤圣发愤之所为作也，此人皆意有所郁结，不得通其道也，故述往事，思来者。"（《史记·太史公自序》）司马迁认为，无论孔子、屈原、左丘明，还是韩非子、吕不韦……这些前代的思想家之所以能写出影响后世的思想巨著，是因为这些人心中聚集郁闷忧愁，理想主张不得实现，因而追述往事，考虑未来，方写下了这些著作。司马迁这种"发愤著书"的观点其实与孔子提出的诗歌的四种功能密切相关。孔子说过，诗可以"兴""观""群""怨"，而"发愤著书"对应的就是"怨"一说，也就是诗歌可以表达人们心中的不平。司马迁在这里高度强调了情感对于艺术创作的影响。

在《史记》的列传部分，他以屈原为例，为他生平遭遇的不平进行了辩护，司马迁应该是十分理解屈原的，他和屈原的人生遭遇有着相似之处。公元前99年，李陵进攻匈奴失败，汉武帝大怒，司马迁因为李陵辩护而触怒了汉武帝，获罪入狱，并且遭受了宫刑。他认为屈原行为正直，竭尽自己的忠诚和智慧来辅助君主，而谗邪的小人离间他，使他陷入困境。诚信却被怀疑，忠实却被诽谤，能够没有怨恨吗？屈原之所以写《离骚》，就是由怨恨引起的。

司马迁还在《报任安书》中写道"究天人之际，通古今之变，成一家之言"，以此表明自己写作《史记》的宗旨，即他想探求天道与人事之间的关系，贯通古往今来世道盛衰变迁的脉络，成为一家之言。《史记》刚开始草创还没有完毕，恰恰遭遇到这场灾祸，司马迁痛惜这部书不能完成，因此便接受了最残酷的刑罚而不敢有怨色。可以想象作者当时所受到的身心折磨有多么痛苦！同时也可以看出，司马迁写作这本书的视角，是站在一种宏大的历史观和对于民族理性的思考之上的。所以，通过司马迁"发愤著书"的创作之情，我们也得以又一次窥见汉代磅礴宏大的巨丽美学。

第六节　王充：元气自然论和真善美统一

王充，字仲任，会稽上虞（今浙江上虞）人，东汉时期著名的唯物主义思想家。他历时三十年写成《论衡》一书，秉承唯物主义精神对当时社会上流行的谶纬迷信大加批判，为正统儒学正本清源。王充没有专门谈论美，但他的唯物主义思想中有许多地方为儒家美学也做出了独特贡献。他的哲学思想根基是元气自然论，这一理论是对老子和《管子》四篇等典籍中"气"学说的继承和发展，对后来的美学发展产生了巨大的影响。另外，他主张的"疾虚妄"思想也对儒家关于真善美的探讨作出了发展。

先看他的元气自然论。王充认为："天地，含气之自然也。"（《论衡·谈天》）"气"是天地间最为原始的物质，天地万物都是由"气"构成的。这里的"气"显然就是一种物质。他认为，"气"的厚薄精粗不同，使世界万物形成了多种多样的形态。这一思想与《管子》四篇"精气"说十分类似，认为元气的厚薄多少导致了人性善恶贤愚的不同。精气是元气中最微小精致的部分，人是由精气构成的，因此人具有智慧。由这种宇宙观也可以看出王充朴素的唯物主义哲学思想。随后在魏晋南北朝时期，美学上出现了回归老庄的倾向，注重气韵，就是受到了元气自然论的影响。同时，王充还用阴阳交合的思想解释天地万物的产生："天地合气，万物自生，犹夫妇合气，子自生矣。""天覆于上，地偃于下，下气蒸上，上气降下，万物自生其中间矣。"(《论衡·自然》)这种理论显然来自《易经》的阴阳思想。

在这种世界观的影响下，王充进而提出了形与神的关系问题，他认为人的精气产生了形体，而精神必须寄托在形体之上，一旦形体消失，精神也就消失了。王充的形神观涉及唯物主义的根本问题，即物质与意识的存在问题。王充通过气—形—神三者产生的顺序及相互关系，推翻了当时社会上盛行的"鬼神"之说。王充认为，人出生的原因是承受了精气，人死了，精气就没有了。能成精气的，主要是依靠血脉。人死了，血脉枯竭，精气不存，形体衰败，化作灰土。化鬼靠什么？人没有耳目就什么都不会懂，所以，聋人、盲人如同草木。精气离开人体，与人没有耳目有什么不同吗？腐朽就会消亡，成为一种恍惚看不见形体的事物，故称之为"鬼神"。人所见的鬼神，本非死人之灵所化。这是为什么呢？因为鬼神是"荒忽不见"这类事物的叫法。人死后精气返璞归真，尸骨归葬于土，故称"鬼神"。鬼，是归的意思；神，是苍茫无形之意。王充的无神论思想对汉代盛行的谶纬迷信予以有力批判。从美学角度来看，他提出的形神论思想也成为中国古典美学对于形神关系解释的哲学基础。后世无论顾恺之的"以形写神"，还是王夫之的"形神合一"等，都是建立在这个基础之上的。

关于美学方面，王充以"真"为第一要旨，主张"真""善""美"并重。

王充提到了一个重要的概念"疾虚妄"，也就是痛恨没有事实根据的东西，讲究真实。中国古典美学讲究"真""善""美"的统一，具体到每一种思想和学派，可能侧重点都会不同，比如儒家偏重强调大的层面的"善"，道家对于"真"的追求多一点。王充认为，就像《诗经》三百篇都是表现的真诚、真性情的内容一样，《论衡》写作的宗旨也是真诚，破除没有根据的东西。因为崇尚"真"，所以王充反对夸张的手法。在他看来，夸张是不符合"真实"这一要求的。夸张是一种艺术手法，它通过放大或缩小事物的特征来增强表达效果。可见，王充的观点还有一定的局限性。

对于"善"，王充提出"为世用"。他说："为世用者，百篇无害；不为用者，一章无补。"（《论衡·自纪》）也就是说艺术作品产生后要对社会生活产生作用，不然写了也是白写。这也是从社会功能层面对艺术作品提出的一个要求。在"真"与"善"的关系问题上，他将二者并重，并且将它们统一起来。他说："文人之笔，独已公矣。"（《论衡·佚文篇》）意思是文人的笔已经很公正了，这里的公正是"真"与"善"的统一，既真诚又能起到惩恶劝善的效果。

另外，关于"美"的问题，王充继承了孔子"文质彬彬"的观点，认为应该做到内容与形式美的统一，他说："文必丽以好，言必辩以巧。言了于耳，则事味于心；文察于目，则篇留于手，故辩言无不听，丽文无不写。"（《论衡·自纪》）意思是写文章还是要注意文采。可见，关于"真""善""美"，王充以"真"为第一要旨，整体上是主张三者统一的。

在文化发展观上，王充认为："才有浅深，无有古今；文有伪真，无有故新。"（《论衡·案书》）可见在王充眼中，对于古今，有真与假的评判标准，却没有绝对的古今标准。他提到："美色不同面，皆佳于目。"（《论衡·自纪》）他主张艺术应该有独创性，提倡文章的内容、形式、风格应该多样化，不能一味模仿古人，而要有所发展和创新。这种观点其实跟他的"疾虚妄"的观点是一脉相承的，他认为古人把一些真伪、是非搞乱了，盲目迷信古人只会导致越来越混乱，不利于社会的发展。

第三章 魏晋南北朝——美学的自觉

魏晋南北朝时期是一个政治大动荡、社会大变革的时期。在文化领域，汉朝的灭亡使儒家思想的统治地位也随之崩溃，思想领域出现了又一个百家争鸣的局面。玄学兴起，人们将更多的精力放在了对艺术的研究上，可以说魏晋南北朝时期是一个艺术和美学自觉的时代。

这一时期的文人们围绕着审美这个中心进行了多方面研究，他们提出了"气""滋味""意象""隐秀""风骨""物色""神思""声无哀乐""传神写照""澄怀味象"等艺术范畴和命题，对不同类型艺术的本质或特点进行了探索，创造和积累了大量的理论财富，同时在文学上出现了《典论》《文赋》《诗品》《文心雕龙》等专门论述文学艺术的文章和专著，使魏晋南北朝成为中国美学史上继先秦之后的第二个黄金时代。

第一节　曹丕：论建安文学

魏晋南北朝时期，社会的动荡使人开始回归内心的自觉，出现了文学艺术的繁荣。汉魏时期，曹氏三父子对文学的酷爱，加之"建安七子"的影响，形成了以朝堂为核心的主流审美——建安文学，它的实际领导者之一——曹丕写了一部《典论·论文》，被喻为中国文学批评史上的开山之作，对中国美学产生了重要影响。

曹丕是曹魏的开国皇帝，字子桓，沛国谯县（今安徽亳州）人，曹操次子，在文学方面造诣很高。据《三国志》记载，曹丕自幼爱好文学，博览经书，通晓诸家学说，诗、赋、散文皆有成就，与其父曹操、其弟曹植并称"三曹"。《典论》是曹丕所著的一部关于政治、社会、道德、文化的论集，其中多数文章已散佚。《论典·论文》是其中一篇，因选入《昭明文选》而得以保存。曹丕在《典论·论文》中对建安文学做了总结，对不同文体的特征、作家修养与作品风格之间的关系等问题进行了论述。曹丕在《典论·论文》中涉及的美学观点主要有"文以气为主"和"盖文章，经国之大业，不朽之盛事"等。

中国古代思想家认为万物生于"气"，包括人的生命也生于"精气"。比如先秦的庄子、王充及《管子》四篇等在这方面的哲学观点基本上是一致的，这也构成了中国哲学后来的一个走向。孟子提出"养浩然之气"，以他为代表的思想家把中国哲学中的"气"进一步引入美学领域，把"知言"和"养气"联系在一起，以哲学之"气"阐释文学、艺术等，为以后的"文气论"开辟了道路，曹丕的美学主张便建立于此。

曹丕在《典论·论文》中先从文人相轻的现象入手，指出不同专业的人擅长不同的领域，不能拿自己擅长的去贬低别人不擅长的，从而引出了对四种不同风格的剖析。曹丕认为，文章的本质是一样的，但体裁、形式却都是不一样的。上奏给朝廷的文章要文雅，议论的文章要讲道理，记载亡人经历和功德的文章要崇尚事实，而诗赋的文章需要华美一些。在这四种文体中，诗赋是纯文学，曹丕认为文学的风格要"美"，这与儒家要求文学要有教化作用，要与社会生活紧密相连不同，他更看重艺术本身的特点。

曹丕在分析了四种文体的不同特点后，进一步指出："文以气为主，气之清浊有体，不可力强而致。"文章以"气"为主，气分为清气和浊气两种，非强力所能得也。就像音乐，虽然曲调和节奏是有固定的标准，但不同的人在演奏时，所用的"气"是不一样的，技巧也就不一样，爸爸和哥哥掌握了其中的气和技巧，无法直接传授给儿子和弟弟。这里曹丕所说的"气"是一个比较宽泛的概念，具体可以从三个方面来认识。"气"可指文学家先天的天赋、禀赋；也可指人在先天禀赋的基础上，经过后天学习、修炼而形成的性情；另外，作家对世界长久以来形成的悟性，影响了作家对艺术的认识与看法，这也是一种"气"。也就是说，人的思想、情感、才能、气质等主观方面的东西都可以指"气"。在这里，曹丕在文学艺术创作中强调人的影响。创作者的天赋不同，后天的经历不同，在各种复杂条件下所形成的世界观、人生观、价值观不同，反映到作品上就会使作品千姿百态、面貌不一。

曹丕文中的"气"有清、浊之分，可与道家和《周易》中的阴、阳两方面大体对应。庄子曾谈过："一清一浊，阴阳调和。"（《庄子·天运》）在先秦诸子思想中，阴阳是两种基本的"气"，在曹丕这里的清浊并不是为了将"气"进行区分，而是借先秦哲学的这对概念说明"气"的客观存在性。"文以气为主"是个很深刻的美学命题，它所包含的文学性质的"三重"（重精神、重表现、重创造）对中国美学传统的建构起了重要的作用。

此外，曹丕还将文学抬到治国大业的高度，他说："盖文章，经国之大业，不朽之盛事。"意思是文章关乎国家治理，是可以流传后世的不朽事业。文学在汉代的地位并没有这么高，魏晋时期，文学地位的提高与曹氏父子对文学的喜好有关，曹丕对文学这一极高的评价，也反映出魏晋时期文学艺术地位的提升。他从不朽的角度谈论文学的价值。中国自古重视"不朽"，古人提出立德、立功、立言，即"三不朽"。这是对文学自身价值尤其是审美价值高度肯定的表现。

建安以前，中国还没有关于文学评论的专著，人们对文学的论述也多夹杂在《诗经》《论语》《史记》等此类著作中，《典论·论文》是第一篇，也是对后世影响深远的论述文学的专论。

第二节　王弼："得意忘象"

王弼，字辅嗣，山阳（今河南焦作）人，三国时期经学家、哲学家，魏晋玄学的代表人物及创始人之一，著有《老子注》《周易注》等。王弼综合儒道两家，吸收老庄思想，创立玄学，体系完备，抽象思辨，成为魏晋玄学的标杆性人物。

汉代人理解《易经》重象数，如把八卦看作天、地、雷、风、水、火、山、泽等象，这是一种机械比附的方法，王弼突破了这种象数思维，从言意思辨的理性出发，对《易经》进行了阐释，将象数之学发展为思辨之学，这在中国哲学史上是一个了不起的进步。王弼站在儒学的立场上，玄化了易学。"以无为本"是玄学家的思想根基，王弼以深入浅出的论证代替前人烦冗的注释，以抽象的义理分析摒弃象数之学和传统迷信，开创了经学上的一代新风。

在这种哲学观的思维下，王弼就"言意之辨"提出疑问。"言"指语言，"意"指用语言表达的思想。用符号学的观点来看，"言"是能指，"义"是所指。研究语言和所包含思想的相互关系，就是"言意之辨"。《周易·系辞》这样解释《易经》中的卦爻辞（言）、卦爻象（象）和卦爻象蕴含的意思（意）三者之间的关系："子曰：书不尽言，言不尽意。然则圣人之意，其不可见乎？子曰：圣人立象以尽意，设卦以尽情伪；系辞焉，以尽其言。"这段话的大意为："言"尽管不能尽"意"，但是"象"却是可以"尽意"的。这段文字仅限于《易经》中的言、象、意三者之间的关系，在它产生之后的几百年里，都没有得到充分的重视，更谈不上将它上升到方法论的高度去认识。这段文字在汉魏之际被重新"发现"，并被赋予了新的时代内容和普遍的方法论意义，成为早期玄学的一个重要理论武器。王弼认为，言辞（卦爻辞）是为了说明象（卦爻象）的，借助言辞明白了，象就不要再执着于言辞；象是为了表达圣人之意的，借助象懂得了圣人之意，就不要再执着于象，"忘"即不要执着。王弼引用了《庄子·外物》中的蹄荃之喻，《庄子·外物》中说："荃者所以在鱼，得鱼而忘荃。蹄者所以在兔，得兔而忘蹄。言者所以在意，得意而忘言。""荃"通"筌"，是一种捕鱼用的竹器。这是用捕鱼和捉兔来做比喻，说明"言"的目的是表达"意"，得到了"意"，"言"就可以舍弃了。因此不可执着于蹄荃而忽视目的。王弼又强调，就像蹄荃是得到兔鱼的必要工具一样，言象是获得圣人之意的唯一途径。王弼在这一层次中所讲的重心，是强调言象是得意的工具。比如我们平时所使用的某种工具之所以成为工具（存在价值），就在于它能完成某项工作。我们如果不用筷子吃饭，那筷子就失去了它作为吃饭工具的作用，如果我们不用刀子切割物体，刀子可能在我们眼中只是一块废铜烂铁或观赏之物。同样，言是明象的工具，象是得意的工具，若仅局限于"言""象"本身，那么"言""象"也就失去了自身存在的价值和意义，而成为没有作用的符号或标记。

王弼的"言""象""意"虽然是从《周易》的角度出发来说明的，但也可以引申到其他事物。"言""象""意"三者之间是表现与被表现的关系，"言"是为了说明"象"，"象"是为了说明"意"。也就是说，"意"要靠"象"来表现，"象"要靠"言"来表现。例如世界名画《伏尔加河上的纤夫》，是俄国画家列宾的代表作，画面上展示的是烈日酷暑下，在漫长荒芜的沙滩上，一群衣衫褴褛的纤夫拖着货船，步履沉重地前进着。这幅画画面真实生动，是呈现给人们的"象"，而人们对它的任何语言描述，是为了说明"象"的"言"。人们从这幅画中感受到俄国人民的辛勤劳动和困苦生活，也体会到了人们对生存的渴望，以及一种强大的生命力量，这便是"意"。人们通过对这幅画的语言说明来更好地理解这幅画的形象，从而更加深刻地体会画背后的精神内涵，这就是由"言"到"象"，再由"象"到"意"的过程。

人们对外部世界的认识过程通常是从感性认识上升到理性认识，是通过感受和体会来领悟世间万物的道理，也就是体会"意"，而"象"和"言"是人们为了达到"意"所采用的手段。因此，王弼的"得意忘象"是指，人们不要过分拘泥于"言"和"象"，要追求对"意"的理解。对应到艺术作品，"言"和"象"是艺术形式，是外在的；"意"是艺术内容，是内在的。人们只有体会到了艺术作品所要表达的内容，才能真正感受到美。

当然，艺术内容如果没有艺术形象作为支撑，是不可能被表现出来的。但是，艺术形式如果过分突出，就会影响艺术内容的表达，致使人们只关注外在的形式，而忽视整个作品所蕴含的精神。因此，艺术的感性形式要把艺术内容充分而恰当地表现出来，使欣赏者被整个艺术形象的美所吸引，而不仅仅注意艺术形式本身。"得意忘象"告诉人们要注重对"意"的理解，而不要一味着眼于"象"。

"得意忘象"作为玄学家们的生活准则，表现出他们对精神世界的注重，对精神自由的无限追求，而要真正获得精神的自由，在玄学家们看来又必须对物质世界有所超越，这对物质世界的超越，亦可以看作"忘象"。

"得意忘象"命题的影响是积极的，它有助于后世人们对"意""象"的理解和运用。另外，"得意忘象"还告诉人们，对事物进行美的欣赏时，要对事物有限的外在形式进行超越，去把握事物所包含的丰富的内在精神。

第三节 嵇康："声无哀乐"论

"声无哀乐"是指音乐具有形式美，不具有哀乐的情感，也不能引起人们哀乐的感情。提出这一理论的是魏晋时期被誉为"竹林七贤"之一的嵇康。

嵇康，字叔夜，谯郡铚县嵇山（今安徽涡阳）人，三国时期曹魏思想家、音乐家和诗人。嵇康幼年十分聪颖，成年后喜读道家著作。他与阮籍、王戎等七人常在当时的山阳县（今河南焦作一带）竹林之下喝酒、纵歌，世谓"竹林七贤"。嵇康在曹魏时期曾被授中散大夫，世称"嵇中散"，司马氏掌权后，嵇康隐居不仕，且拒绝出仕，后遭掌权的大将军司马昭处死，时年四十岁。他与阮籍等人共倡玄学新风，主张"越名教而任自然""审贵贱而通物情"，成为"竹林七贤"的精神领袖。他的事迹与遭遇对于后世的时代风气与价值取向有着巨大影响。

嵇康工诗善文，其作品风格清峻；也擅长音乐，通晓音律，他弹的《广陵散》声调绝伦。嵇康的著述有《嵇康集》十卷传世，其中第一卷是诗，二至十卷是文论，第二卷中的琴赋实际上是一篇音乐评论，第五卷的声无哀乐论则对他的音乐思想进行了阐述。嵇康音乐思想的基本点是"声无哀乐"，即音乐是客观的存在，而感情是主观的存在，两者并无因果的关系。用他自己的话来说，就是"心之与声，明为二物"。他在《声无哀乐论》中通过"秦客"和"东野主人"的八次辩论，阐述了"声无哀乐"的命题，使问题层层深入。秦客认为"治乱在政，而声音应之"，也就是音乐反映政治，为政治服务，甚至音乐不必通过潜移默化的作用，就直接成为一种统治人民的手段。显然，这种思想无视音乐通过特殊方式作用于社会生活，反而使音乐濒于绝境，但这种思想也是当时历史条件下的客观存在。它从西汉的董仲舒开始到东汉的班固，一直是音乐方面的统治思想。而嵇康提出了"声无哀乐"论，正是力图摆脱音乐的这种统治思想，使音乐从社会政治中独立出来，具有独立的审美价值，这对后世美学产生了重要的影响。

嵇康肯定什么样的社会产生什么样的音乐，肯定音乐创作是有感而发，"劳者歌其事，乐者舞其功"；肯定不同乐器和乐曲有不同的性能；肯定民间音乐"郑声""是声音之至妙"；指出演奏之于创作，未必能"象其体而传其心"；指出感情有深浅，因此表达各有不同，而且由于习俗不同，还会有感情相同而表现方式不同的可能；指出音乐所表现的内容不可能十分具体；指出音乐对人能起条件反射性的"躁、静、专、散"的作用，这些美学思想都对我们深有启发。

嵇康认为音乐和自然的声音一样，只具有形式，有好听和不好听的区别，但是不具有内容，不包含哀乐的情感。因此音乐也就不能引起人们或悲伤或快乐的感情。然而，人们听到某种音乐会轻松愉悦，或者会悲伤哭泣，这是为什么呢？嵇康认为，人们这种情感不是音乐带来的，而是由社会中人和事的影响产生的，这种情感藏在人们心中。人们在听到音乐时触动了这种感情，于是就产生了哀乐之情。嵇康说："至夫哀乐自以事会，先遘于心，但因和声，以自显发。"音乐在这一过程中只是起到了催化剂的作用，本身不具有情感的内容，它的本质在于形式美。嵇康的这种观点实质上是割裂了内容和形式的统一性，不完全正确。

以这一观点为基础，嵇康认为音乐不能反映社会生活的变化，更不能移风易俗，不同意"治世之音安以乐""亡国之音哀以思"的观点。这是值得商榷的，人们可以从自身的经验出发进行体会。一个人欣赏不同风格的音乐会产生不同的感受，这是客观存在的；而不同的人对同一支乐曲也会产生不同程度的感受，这也是客观存在的。因此嵇康说，欣赏者对音乐的不同感受是因为内心的哀乐等不同情感造成的，这具有一定的合理性。人们在仕途顺利、生活美好的时候，即使听悲伤的乐曲，也不会产生很深刻的感受；人们生活艰辛、处在困厄之境时，听到快乐的音乐想必心情也不会变得很好。而且，人们在某一心态下往往会倾向于听某一类风格的音乐。

那么，人的情感变化跟所听的音乐一点关系都没有吗？显然不是。只肯定音乐的形式而否定内容的存在，是不正确的。任何事物都会受到周围社会生活的影响，是社会生活的反映，艺术也不例外。创作者在创作音乐时，必然会受到社会生活和自己内心情感的影响，因此创作出来的作品就带有某一种特定生活和情感的影子。因为这种反映是间接的、宽泛的、不容易被察觉的，所以嵇康认为音乐不能反映社会生活。但是音乐等艺术往往会抒发人们的思想感情，而人们的思想感情是受社会生活影响的，这样看来，音乐在一定程度上是用自己的独特形式来反映社会生活。

嵇康"声无哀乐"的音乐思想，在今天来看是有局限性的，但在当时的历史条件下，则体现了他不为传统思想束缚，进行独立思考的结果，这种对音乐的思考是值得肯定的，它也推动了后来人们对艺术美的探索。

第四节　钟嵘：论诗歌创作

继中国文学批评史上第一篇文学专论《典论·论文》出现后，中国第一部论述诗歌的专著也出现在魏晋南北朝时期，那就是《诗品》，它的作者是南朝文学批评家钟嵘。钟嵘，字仲伟，颍川长社（今河南许昌）人，魏晋名门"颍川钟氏"之后。

建安时代，五言诗独霸诗坛，许多风格不同的诗人和诗歌作品纷纷涌现，《诗品》正是对这一发展的总结和论述。全书收录作家122人，这些作家和作品分为上、中、下三品，表明诗人在诗歌成就方面的高、中、低三种不同等级。钟嵘对这些作家的艺术风格进行了评论，在序言中对诗歌创作中的一些理论问题以及当时诗坛中的流弊，提出了自己的看法，其中涉及大量的美学问题。

对于诗歌的产生问题，钟嵘的观点基本与先秦时期的《乐记》无异，在《诗品》序言中，钟嵘首先指出诗歌是由外界事物的变化对人心触动和感发而形成的。在外界事物的感发下，心中生出某种情感，而通过文字表达出心中的情感，就形成了诗歌。钟嵘突出了情感的作用，强调诗是情感的产物。他认为就像春天有春风、春鸟，夏天有夏云、暑雨，秋天有秋月、秋蝉，冬天有冬月、酷寒，这是四季气候景物变换引发人的情感变化，进而体现于诗文之中。相聚时创作的诗歌表现出亲切之情，分离时创作的诗歌表现出愁怨之情。钟嵘强调由艰苦的环境、坎坷的生活经历所产生的怨愤之情，更能引起人的同情，产生情感的共鸣，也更能揭示人性的本质，从而更加富有审美感染力。此外，钟嵘还吸收了王充的自然元气说，将诗歌的本源推之于"气"，正是在这种自然力的作用下，"气"内化为"情"，"情"又外化为诗，这就是诗歌产生的过程。

关于诗歌的作用，钟嵘强调了"动情"这一点："动天地，感鬼神，莫近于诗。"虽然有些夸张，但是可以理解的。钟嵘还特别强调那些表现悲苦情感的作品，例如《上品》说古诗"意悲而远""多哀怨"，李陵"文多凄怆，怨者之流"，班婕妤"怨深文绮"，曹植"情兼雅怨"，王粲"发愀怆之词"，左思"文典以怨"，阮籍"颇多感慨之词"；《中品》论秦嘉、徐淑"夫妻事既可伤，文亦凄怨"，刘琨、卢谌"善为凄戾之词"，郭泰机"孤怨宜恨"，沈约"长于清怨"；《下品》评曹操"甚有悲凉之句"，毛伯成"亦多惆怅"。钟嵘认为这些诗人所抒发的哀怨之情均与其坎坷颠沛的人生遭际密切相关，绝不是为文造情而生硬造作的无病呻吟，这就使得情感的表达更为真挚，也更为深沉。钟嵘重"悲情"的审美趣味与孔子"诗可以怨"思想一脉相承，又与司马迁"发愤著书"有相似之处，但比较起来，钟嵘更强调情感的作用，以及诗人生平的经历对诗歌创作的影响，有点"知人论世"的意味，更富有美学意义。

关于诗歌的审美价值，钟嵘提出了著名的"滋味"概念。钟嵘认为，永嘉文坛重视黄老学说，推崇玄虚清谈。当时的文学创作注重内容而忽视文采，读来寡淡无味。钟嵘说五言诗是各种文体中最为重要的，因为它是最有滋味的。五言与之前的四言相比，文字增加了，就更容易使诗歌清楚明白而富有表现力，因此更有滋味。"滋味"是内心情感与华美文辞的统一，有滋味的作品一般都有充沛且真挚的感情，而且作品语言华美，音韵铿锵。另外，"滋味"是有限的意象与无限的意蕴的统一。对物象的描写都是以现实世界中的事物为依据，这就说明意象是有限的、具体的。但是诗歌所表达的感情是无限的、不确定的，不同的读者对同一首诗有不同的感受。有滋味的诗既具有真实而形象的意象，又具有丰富的意蕴。

关于诗歌的审美品格，钟嵘提出了"真美"的概念。"真美"一方面是强调情感之真，声律和用典都不能影响真实情感的抒发；另一方面是指自然之真，也就是对清新自然之美的追求。这里说的"自然"与"人工"相对，自然之美往往给人以质朴清新的感觉，而人工之美往往因雕琢而精致华美。魏晋南北朝以来，文学创作多注重声律，如骈体文的工整对仗和声律铿锵等方面，钟嵘对此是反对的，他认为写诗力求在声律上讲究精密，就像做衣裙在褶皱上狠下功夫，互相攀比竞胜，结果反使诗歌烦琐拘谨，损害了诗歌的自然之美。按照钟嵘的说法，诗歌本需吟诵，不可滞碍，只要声调流畅，诵读起来流利，这就可以了。

总体说来，钟嵘对诗歌品评等级的区分、滋味说以及重视真实情感在诗歌中的作用等观点，对后世美学产生了深远的影响。

第五节　刘勰：首次文论总结

刘勰的《文心雕龙》是中国美学史上最富有思想理论深度的文论之一，它不仅对先秦以来的文艺思想、美学思想做了综合概括，而且奠定了中国古代美学以儒家为主干，融道、佛诸家于一体的基本格局。

刘勰，字彦和，祖籍山东莒县，南朝梁时期著名的文学理论家。据《梁书·刘勰传》记载，刘勰早年家境贫寒，笃志好学，终身未娶，曾在钟山的定林寺里跟随僧祐研读佛书及儒家经典。他历时五年写成《文心雕龙》，此书是中国古代第一部具有严密体系的、"体大而虑周"的文学理论专著，它系统论述了文学艺术的创作方法和鉴赏规律。

刘勰写《文心雕龙》的初衷，一方面是他重视文学的作用，深信文学作品可以阐明儒学，有益政教；一方面也因为当时不少作家走上了重形式而轻内容的歧途，他要在这部书中纠正那种不良倾向。他认为写作应以儒家经典《诗经》《尚书》等书作为典范，其次应学习以屈原作品为代表的"楚辞"。他对汉魏某些辞赋表示不满，至于晋宋以后作品则感到缺点更多。可惜过去评论家如曹丕、陆机、挚虞、李充等，对它们都未能做全面的探讨。所以他觉得自己有责任来总结历代创作的经验，发扬过去的优良传统，建立理论体系来指导作家与评论家。

关于文艺批评观，"征圣、宗经"是他的基本观点。也就是说创作上一定要用儒家经典做标准，必须通过学习圣人的著作才能实现。学习圣人就要学习经书。圣人著作的优点在刘勰看来有六点，也就是刘勰说的"六义"：一是"情深而不诡"（感情真挚而不欺诈）；二是"风清而不杂"（教化意义纯正而不杂乱）；三是"事信而不诞"（所写事物真实而不虚妄）；四是"义直而不回"（意义正当而不歪曲）；五是"体约而不芜"（风格简练而不繁杂）；六是"文丽而不淫"（文辞华丽而不过分）。这六点既是刘勰对创作的要求，也是他论文的六个批评标准。从这六点要求来看，刘勰的批评标准显然是把内容和形式结合起来的。他不仅要求感情真挚、教化意义纯正、事物真实可信等，也要求形式的华美、能准确地表达内容、文风简约、华丽而不过分的文采等。

关于美学思想，刘勰在《文心雕龙》中提出了"风骨""隐秀""神思"等范畴，"隐"是指"情在词外"，审美意象所蕴含的思想感情不直接用文辞说出来。"隐"还有另一方面的含义，就是审美意象不是单一的，是复杂的、丰富的。"秀"要"状溢目前"，也就是要形象可感，指审美意象要鲜明生动，可以直接被感受。审美意象要形象、直观，同时它所包含的思想感情又不能直接说出来，这看似是矛盾的，其实不然。文学作品的思想感情总是要通过"文辞"来表达，而这里的"秀"只是给表现思想感情的"文辞"加了一个要求，那就是富有形象感。换句话说，不直接说出来的多重情意要通过具体生动的形象表达出来。

既然"隐"要求审美意蕴不直接表现出来，那么文学作品是否应该做到越隐晦越好？既然"秀"要求审美意象要生动、形象，那么表现在文学作品中，是否就应该追求辞藻的华丽？答案是否定的。刘勰说："或有晦塞为深，虽奥非隐；雕削取巧，虽美非秀矣。"此言意在告诉人们，要把握

"隐"和"秀"的度。"隐"并不是追求晦涩难懂，使读者不能领会，也不是像逻辑判断或标语口号那样直接说出来，而是要通过生动的形象间接表现出来。"秀"也并不是追求雕章琢句，而是要通过与整体和谐的、生动的艺术形象来达到"秀"。因此，具有了鲜明生动的形象，并蕴含着多重深远的意味，作品就能具有生命力而使读者获得丰富的美感。

对审美意象的分析，刘勰还提出了"风骨"这一概念。"风"，先秦诗歌总集《诗经》中就有"十五国风"，指的是具有教化作用的地方民歌。刘勰所说的"风骨"也是从儒家传统的"风教"思想出发的，着眼于文章的教育、感化的作用。"风"侧重于"情"，要表达作者的主观情怀，要有感染力。但是单单有情感还不是"风"，刘勰说要"情与气偕"，也就是情中要包含"气"，才是"风"。"骨"侧重于对文章内容"理"的要求，要求文章有充实的思想内容、严密的逻辑和凝练有力的言辞。简言之，"风骨"就是要求文章等艺术作品既要有"风"，即要具有充沛的情感，能感动人；又要有"骨"，即要真实可信，合乎礼义，并具有刚健的力量。这样作品就能是"美"的，就能教育人。

刘勰提出的"隐秀""风骨"引起了后世很多人的思考，对其理解也各自不同，尤其对于"风骨"，到现在仍然存在分歧。但是由这些命题人们可以注意到，在对艺术作品进行分析和创作时，要对思想内容和外在形式等多方面进行考虑：既要明白、生动，又要有意蕴；既要有感染力，又要有说服力。这是十分正确的，也对后世产生了极大的影响。

刘勰提出的"物色"与"神思"是就审美意象的创作而言的。"物色"是指外界事物的变化触动了人的心灵，进而产生了对事物的审美活动。"神思"则是指在创作过程中如何进行艺术想象与创新。

刘勰在《文心雕龙·物色》中有"春秋代序，阴阳惨舒，物色之动，心亦摇焉"之词句。也就是说，春夏秋冬四季互相交替，春夏阳和的天气使人感到舒畅，秋冬阴沉的天气使人感到忧戚，自然景物声色的变化，会使人们的心情跟着摇荡起来。这说出了"物色"的基本含义，即外界事物的变化动摇人们的心灵，于是人们产生了对外界事物进行审美的情感活动。其中包含了"物"与"心"两个方面。例如人们看到杨柳发芽、桃树开花，"心"就会被这"物"触动，感叹春天的到来、生命的复苏、新的开始或时间的永恒等，进而诗人们就会创作出或赞春或伤春的诗歌来，这就是"物"与"心"

的互动所创造出的新的审美意象。

　　物感于心，于是人们开始进行审美创作。在创作过程中需要艺术想象，也就是"神思"。"神思"就是艺术想象活动，如《物色》篇中所说"情以物迁，辞以情发"，源于人心对外物的感应，创作主体才产生艺术灵感和创作冲动。有了外物的"感应"之余，还需要创作者的一颗"虚静"之心，才能进行想象和创作。刘勰认为，艺术想象是一种生理和心理相互作用而产生的活动，这一活动也需要"气"的支持。只有内心虚静，活"气"才能顺畅，精神才能集中。而只有在精神饱满、集中的状态下，才能有活跃的艺术想象活动。对于"神思"，刘勰说："古人云：'形在江海之上，心存魏阙之下。'神思之谓也。文之思也，其神远矣。故寂然凝虑，思接千载；悄焉动容，视通万里。吟咏之间，吐纳珠玉之声；眉睫之前，卷舒风云之色。其思理之致乎？"这段话直接说出了"神思"这一艺术想象活动的特点。人身处江湖之中，心思却仍惦念着朝廷，刘勰说这就是"神思"，这意味着心可以超越身体的限制。"寂然凝虑，思接千载；悄焉动容，视通万里。"这两句话说出了"神思"的情状，"千载"是说想象不受时间的限制，"万里"是说想象不受空间的限制。艺术创作要突破现实和人的现有经验的局限，思维才能活跃。譬如人游览一座高山，很难将山的每一个角落都走到，那么就需要运用想象，突破眼前所看到的有限的景象，去想象另一面或者被云遮盖下的景色，这样才能使创作丰富而具有美感。

　　"神思"对于艺术创作很重要，但是每个人对外界的感应力和想象力是不同的，因此刘勰认为一个人要注意培养自己的艺术感受力和想象力。至于如何做，刘勰说要"积学以储宝，酌理以富才，研阅以穷照，驯致以绎辞"。"积学以储宝"是说要努力学习以积累知识；"酌理以富才"是指要认真研究事理以发展自己的才能；"研阅以穷照"则是说对各种事物认真观察和研究，获得对事物的理解；"驯致以绎辞"是要求人们锻炼自己驾驭语言文字的能力。这样的话，人们感受外物的能力和想象力都会提高，就能很好地进行创作。可见，艺术创作不仅要对外界社会生活进行客观反映，同时还要人们发挥主观能动性，进行想象与创造，这在刘勰提出的"物色"与"神思"范畴中都得到了清晰而详细的阐释。

第六节　顾恺之："传神写照"

顾恺之，中国历史上最负盛名的画家之一，字长康，晋陵无锡（今江苏无锡）人，博学多才，工诗赋、书法，尤善绘画，被誉为"三绝"：才绝、画绝、痴绝。传绘画代表作有《女史箴图》《洛神赋图》。顾恺之的画作格调高古，集中反映了魏晋时期线描的特色。唐代绘画理论家张彦远称顾恺之的用笔是"紧劲联绵，循环超忽，调格逸易，风趋电疾"，喻其线条为"春蚕吐丝"，人们把这类线描统称为"高古游丝描"。它不用折线，亦不用粗细突变的线条，而是利用连绵弯曲的线条，造就了含蓄、飘忽的感觉，使人能在舒缓平静的画面中感受到虽静犹动的效果。这种线描对后世中国画造型产生了很大影响。

顾恺之还是位极有见地的绘画理论家，其著述的《论画》《魏晋胜流画赞》以及《画云台山记》三篇画论是中国早期重要的画学论著。由于这三篇画论对探索魏晋人物画和山水画的发展十分关键，所以极受学界重视。

形与神的概念本是自先秦以来在哲学上争论的问题。简单地说，形即形体，指物质的存在；神即精神、意识，指思维活动。解释两者的关系以及孰为第一性的问题，成为哲学辩论的题目。魏晋南北朝时期，玄学大盛，探究名理风行一时，同时佛教的传入，为生逢乱世的民众注入了一针麻醉剂。在统治者力倡之下，玄释相糅，成为一个时期的主导思想。形神再次成为辩论的重要议题，并具有了新的意义。在谈论名理、宣扬或反对佛教时，论辩经常涉及这一方面，争论更为激烈。玄学名辩波及范围很广，自然也影响到以造型表现为主要手段的绘画。顾恺之传神论的产生，首先应当看作这一时代的产物。

顾恺之的"传神写照"主要是指艺术表现的问题。据《世说新语》记载，顾恺之画人物画，几年都不点眼睛，人们问他原因，他说："四体妍蚩，本无关于妙处，传神写照，正在阿堵中。""阿堵"是指眼睛，也就是说，人物画的传神之处主要在于眼睛，这一点与画龙点睛的意思是相通的。《世说新语》中还记载了另外一个故事："顾长康画裴叔则，颊上益三毛。人问其故，顾曰：'裴楷俊朗有识具，正此是其识具。'看画者寻之，定觉益三毛如有神明，殊胜未安时。"大意是说，因为裴叔则英俊而有见识，所以在画裴叔则时，顾恺之在他的脸颊上加上了三根毫毛，以表现他有见识的特征。由此可见，顾恺之认为画人物画想要传神，不应该着眼于形体，而应着眼于人体的某个关键部位，例如眼睛或某一典型特征，只有抓住所画之人的典型特征，才能达到传神的目的，而四体之形对于传神并不重要。"形"要为表现"神"而服务，画家把人物形体中不具有特殊性、不能表现"神"的东西弱化，甚至淘汰，把能表现"神"的东西留下来并强化，以突出表现人物的"神"。

要想表现一个人的风神、神韵，首先要能发现并准确地捕捉"神"这一特点。对于如何做到这一点，顾恺之又提出了"迁想妙得"的命题。顾恺之在《魏晋胜流画赞》中说："凡画，人最难，次山水，次狗马；台榭一定器耳，难成而易好，不待迁想妙得也。""迁想"就是将创作主体的情感与思想迁移到对象身上，发挥艺术想象和创造性；"妙得"即巧妙地得到这个人的"神"，也就是发现这个人的风姿特色。这样就能准确地把握对象的"神"，并将其传神地表现出来。表现一个人的"神"，除了准确抓住他本身的特征，顾恺之还运用了另一个方法，就是用周围的环境来衬托人物的个性特点。例如谢鲲是寄情于山水的隐士，顾恺之将他画在岩石里，借以表现他的生活情调。"迁想妙得"主要谈的是关于主客观的关系问题。

顾恺之认为画家必须多方体验对象外形与内在的一切，才能得到对象的形神、性格等的统一结合。"传神写照"与"迁想妙得"的命题在之后的美学发展中影响很大。历代的许多艺术家都吸收并发展了这些思想，也运用它来指导艺术创作。

第三章 魏晋南北朝——美学的自觉

东晋 顾恺之 列女仁智图（宋摹本，局部） 绢本设色 25.8cm×417.8cm 故宫博物院藏

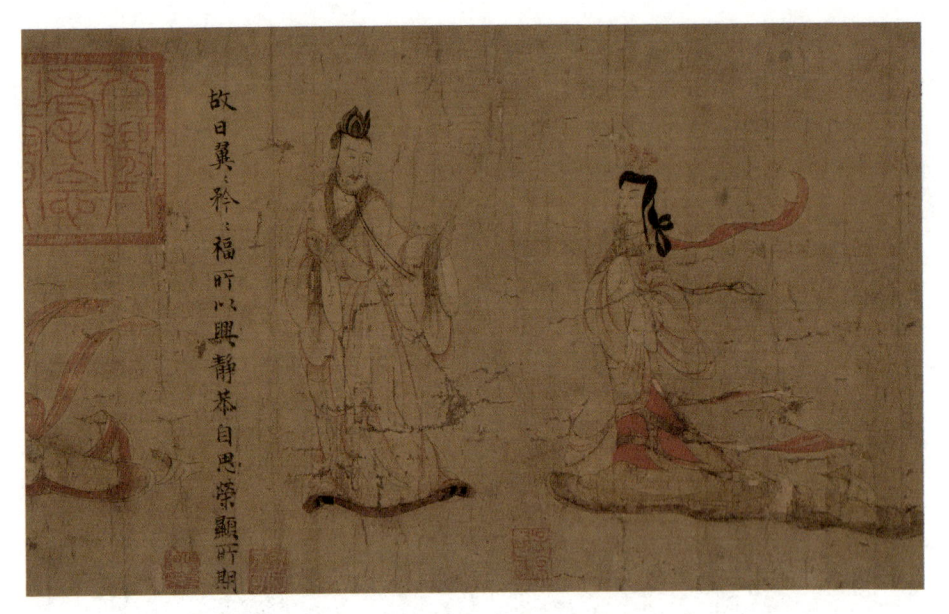

东晋　顾恺之　女史箴图（唐摹本，局部）　绢本设色　24.8cm×348.2cm　英国大英博物馆藏

第七节　宗炳："澄怀味象"

《宋书·隐逸列传》记载了这样一个事迹："（宗炳）有疾还江陵，叹曰：'老疾俱至，名山恐难遍睹，唯当澄怀观道，卧以游之。'凡所游履，皆图之于室，谓人曰：'抚琴动操，欲令众山皆响！'"意思是，一个人年老后，唯恐来不及看遍名山大川，就将平生所游之地用他的画笔绘成图画，贴在室内的墙上，虽然足不出户，却也像置身在山水之间一样。由此可以看出，这个人对山水的喜爱已经达到了狂热的程度，他就是南朝画家宗炳。

宗炳，字少文，南阳郡涅阳（今河南镇平）人，南朝宋画家、绘画理论家，工书画、琴艺，信奉佛法。他徜徉山水三十余年，过着隐居的生活。由于他游历过无数秀丽的山水景物，发掘出山水之美的真谛，所以画山水时能

"以形媚道",畅其神韵。宗炳著有《画山水序》,这是我国早期的一篇专门论述山水画创作的论著,它的系统性及理论性都非常强,他在里面提出了"澄怀味象"和"畅神"说等观点,反映了魏晋时期的画家在创作山水画过程中对心与物关系的认识,深刻影响了后世山水画的创作和理论。

虽然宗炳是佛教徒,但他对老庄思想也非常推崇,因此他的《画山水序》也有着浓厚的老庄味道。《画山水序》开篇即讲:"圣人含道映物,贤者澄怀味象。至于山水,质有而趣灵。"这是宗炳对山水之美客观存在的感叹,他认为"道"含于圣人心内并且在物象中显现出来,贤者胸无杂念,平静内心去体味这世间万象,至于山水,正是因为它们实实在在的存在,才能让人们感受到它们的趣味和灵性。宗炳区分了主体和客体两种不同的关系,贤者"澄怀味象"就是这种审美关系的体现。"澄怀味象"中的"味"的概念来源于老子。对于审美时的心境,老子曾提出"涤除玄鉴"的思想,庄子也说过要"心斋""坐忘",宗炳所说的"澄怀"与他们的思想相通,都是主张要排除心中的欲望与杂念,使内心虚空、明净。这是欣赏美的事物时所必需的一种心境。

对于"味"的体会,宗炳又提出"畅神"一说。宗炳曾谈到"凝气怡身""万趣融其神思",即面对山水等美的事物,使"气"在身体中凝固下来,将事物的趣味融于心中,就能"味"到事物的美。"澄怀味象"是一个人在欣赏山水和山水画时所需具备的审美态度,只有达到如此境界才能"应目会心""神超理得"。静心凝神地去观察、体味山水的自然妙趣,使得观者的心灵得以净化,心情得以舒畅,从而让"万趣融其神思",即观者的思绪融入多种神趣,完全沉浸在山水和山水画所赋予人的想象中,彻底进入一种"物我合一""神与物游"的痴迷状态。

宗炳在《画山水序》中还说:"夫圣人以神法道,而贤者通;山水以形媚道,而仁者乐。""圣人"以他的"神"效法"道",使"贤者"得到领悟;而山水则以它的"形"显现"道",使"仁者"得到快乐。因此,山水之所以使人感到"美",是因为它是"道"的显现,这里的"道"是自然之道。山水以它有限的具体形象来体现无限的"道",显示宇宙无限的生机,因此是"美"的。而对于山水画,宗炳认为山水画是自然山水逼真的、审美的反映,同样能使人精神快乐,给人审美的愉悦。

需要指出的是,孔子提到山水时曾说过"知者乐水,仁者乐山",宗炳

"澄怀味象"的命题与孔子的这一说法所指是不同的。宗炳认为自然山水体现了自然之"道",所以能给人以美的享受。而孔子"知者乐水,仁者乐山",则是把自然山水作为人的道德观念的象征,因为自然山水象征着某些社会道德,所以才被"知者"和"仁者"所喜欢。

第八节　谢赫:绘画"六法"

谢赫是南朝齐梁间的画家,擅长画人物画、风俗画,著有《古画品录》一书。魏晋品评成风,实肇于汉末人物品藻,后波及文艺领域,谢赫《古画品录》的美学价值在于它在中国绘画史上第一次提出品画的六条美学标准,即"六法":"六法者何?一,气韵生动是也;二,骨法用笔是也;三,应物象形是也;四,随类赋彩是也;五,经营位置是也;六,传移模写是也。"

谢赫"六法"中排在首位的是"气韵生动",这是理解"六法"的关键。"气韵生动"中"生动"是对"气韵"的一种形容,那么"气韵"具体指什么呢?"气"基本上可分为两种:一是指宇宙的精神;二是指人的精神。代表宇宙精神的"气",如老子所说分为阴阳二气,构成万物的生命,是宇宙的元气,它感发人的精神,从而产生了艺术。代表人的精神的"气",如孟子所说的"我善养吾浩然之气",是指维持人的身体和精神的"元气",是人生命力和创造力的本源。这两种"气"都很少指物质,多具有精神的意味。在绘画上,"气"应该理解为画面的元气,是宇宙精神的"气"和人内在精神的"气"相结合的产物。这种元气给画面注入了生命力。"韵"原来指声韵和音韵,但是在魏晋时期,人们回归老庄的思想,多将"韵"运用在对人物的品评上,用来指人物形象所表现出来的个性和情调,也是指一个人的神韵和风姿。因此,"韵"是指人的内在精神,是一种生命力。将"气韵"连在一起是因为"气""韵"是不可分的。"韵"是由"气"决定的,"气"是"韵"的本体和生命。有了"气韵",画面自然就"生动"了,画也就有了生命。

怎样使画面"气韵生动"而具有生命呢？谢赫在《古画品录》中评价张墨、荀勖的画说："风范气候，极妙参神。但取精灵，遗其骨法。若拘以体物，则未见精粹；若取之象外，方厌高腴，可谓微妙也。"在谢赫看来，要使画面具有"气韵"就要追求"神""妙"的境界，要使画面体现"道"，这种"道"是宇宙和生命精神的显现，只有这样画面才具有"气韵"。而要做到这一点，就不能"拘以体物"，不能拘泥于描绘孤立的事物，要"取之象外"，突破具体形象的限制，去领悟并表现"象"外的精神品质和神韵。

既然"气韵生动"强调画面要体现神韵和"道"，即注重"神似"，那么绘画时是否就可以不用顾及"形似"了呢？不是的。因为"形似"未必有"气韵"，但是有了"气韵"，画面形象自然符合"形似"的要求。这是因为事物的神韵必然通过事物的外在形象表现出来，它离不开外在形象，却又高于外在形象，所以表现"气韵"与追求"形似"是不冲突的。中国古典美学并不是不追求"形似"，只是比这一要求高，更加注重对于内在精神的表现，不仅要表现单个的对象，还要表现宇宙、历史和人生等。因此，中国古代画家即使画一块石头或几根竹子，也要表现宇宙和生命的生气，这可以说是中国古典美学的一大特点和优秀传统。

"骨法用笔"中的"骨"在其他"五法"中是一种比喻性的概念，借指人内在性格的刚直，以及所画人物的骨相所体现出来的一种身份气质。谢赫的"骨法"还包含了用笔所表现出的骨力与力量之美，这是传统绘画特有的材质工具与民族风格所决定的美学原则。"应物象形"是指画家的刻画要像所表现的物体。将其置于气韵、骨法之后，表明南北朝时期在深刻把握艺术外在表现关系的同时，也十分重视描绘对象的真实性。"随类赋彩"指的是着色，可解释为色彩与所绘物象相似。"经营位置"是指构思和构图等方面。"传移模写"指临摹作品。传，移也，或释为传授、流布，模为摹仿。绘画上的传移流布，全凭模写。模写的作用一是可以学习基本功，二是可以作为流传作品的手段。因为模写和创作不是一回事，谢赫就把它放在了六法的结尾。

总之，"六法"是一套比较完善的品画的美学标准，"六法"之间相互联系，是对我国古代绘画创作的系统总结。

第四章 隋唐五代——美学的发展

唐诗的繁荣促进了意象论与意境论的发展。白居易的新乐府运动倡导诗歌要具有充实、丰富的内容，内容与形式要和谐统一，这对于诗文创作具有积极的指导作用。唐代佛教禅宗的出现，其与儒、道思想相结合，影响了人们的审美心理，促进了文人画的成熟。同时，道家思想在唐代也得到了充分发展，成为"意境"理论的思想基础。

隋唐五代时期文人们所提出的一系列美学概念、范畴和命题，与魏晋南北朝的美学思想依然保持着一种连续性，其延续和发展对宋元明清美学也产生了直接而深远的影响。

第一节　孔颖达："情志"诗论

孔颖达，字冲远，冀州衡水（今河北省衡水）人，孔子的第三十二代孙，唐代经学家，编订了《五经正义》。他是魏晋南北朝以来经学集大成的学者，融合南北经学家的见解，为经学的统一和汉学的总结作出了卓越贡献。除了注经，孔颖达对儒家"诗言志"进行了新的阐释，提出了"情志一也"的观点。

"诗言志"这个说法在先秦时期就已提及，如《左传》："诗以言志。"《尚书·尧典》："诗言志。"孟子："说诗者不以文害辞，不以辞害志；以意逆志，是为得之。"庄子："《诗》以道志。"到了汉代，经由《毛诗序》引用并加以发挥，成为儒家诗学的经典命题。《毛诗序》中说："诗者，志之所之也。在心为志，发言为诗。情动于中而形于言。"诗是诗人内心志向的表达，而这种表达是因为"情动于中"，也就是内心感情的波动。因此，"志"与"情"不是一回事。刘勰在《文心雕龙》中也说："人禀七情，应物斯感，感物吟志，莫非自然。"人有七情，面对事物时有不同的感觉，有感于外物而说出自己的"志"，这是自然的流露。可见《文心雕龙》在谈论"诗言志"时，更偏重情感。魏晋时人们已十分重视诗的抒情功能，但只是以情谈志，或者说融情于志，并没有将"志"与"情"看成一回事。究其原因，一方面与"志"本身的含义来源有关，另一方面也与儒家思想长期以来偏向于是非判断、伦理道德有关。

根据闻一多的看法，"志"有三层意义，一是"记忆"，二是"记录"，三是"怀抱"。而诗最初也是用来记诵的，因为诗在文字产生之前就有了，人们靠记忆来口耳相传，因此诗从最开始就很注重韵律和句法。在文字产生之后，诗就是"记录"，用来记载事情和历史。经过发展，诗与歌合流，具有了"怀抱"的含义，"怀抱"就是"志向"。在先秦，"诗言志"主要是指作者用诗来表现思想、志向和抱负，而且这种志向与政治和教化紧密联系着。诗歌发展到魏晋时期，人们不但看重诗歌中的思想，也开始关注其中的情感，只是情感与思想的联系也没有那么紧密。孔颖达在前人经验的基础上提出"情志一也"的观点，明确地把情和志联系在一起，也就是把二者看成一回事。

孔颖达《春秋左传正义》中说："在己为情，情动为志，情志一也。"意思是，外界事物的变化与触动使人心中产生快乐或悲伤的情感，这就叫作"志"，而把心中的情感，也就是"志"抒发出来，就是"诗"。因此他认为"情"与"志"是相同的。对于"情""志"如何化成诗，孔颖达解释说："言作诗者，所以舒心志愤懑，而卒成于歌咏。"也就是说，作诗就是抒发"心志"与愤懑之情的。抒发快乐的心志与情感，则文学作品中多赞颂的声音；抒发悲伤的心志和情感，则文学作品中多哀伤和怨刺的声音。由此可知，诗歌是对人内心思想、志向、情感的表达。

孔颖达的解释与前人还有一点不同，在先秦和汉代的这些提法中，"志"所表示的思想、志向、抱负，都是一种藏在人心中的静止的东西，因而都还停留在比较抽象的意义上。而在孔颖达看来，"志"并不是人心中固有的、静止的东西，而是"情动为志"，它是具体的。

孔颖达一方面强调外物对人心的触动，一方面又强调诗歌就是对这种感情的抒发。这体现出唐代人对审美本质的进一步认识，在美学史上产生了很大的影响。

第二节　白居易："美刺"作用

白居易，字乐天，自号香山居士，祖籍太原，生于河南新郑，是一位才情丰富、众体兼擅的唐代诗人。他在文学上积极倡导新乐府运动，主张"文章合为时而著，歌诗合为事而作"，写下了不少感叹时事、反映人民疾苦的诗篇，诗歌形式多样，语言平易通俗，对后世颇有影响。《长恨歌》《琵琶行》《卖炭翁》这些脍炙人口的作品，都出自他之手。除了诗歌创作，他也是一位有力的文艺批评家，他既强调写讽喻诗以干预时政，也重视诗歌释恨佐欢、陶冶性灵的作用。

白居易诗论的基本点是强调诗歌的社会功利性，要求诗歌为现实政治服务。这一主张与他的成长环境、自身经历都有关系。白居易出生在中小官僚家庭，祖父和父亲都做过县令。白居易于贞元十六年（800年）中进士，而后担任过秘书省校书郎、翰林学士、左拾遗等官职。这些经历不可避免地对他的文学主张产生了影响。

白居易论诗的核心观点承续着儒家诗论的主要观点。他在《读张籍古乐府》诗云："为诗义如何？六义互铺陈。风雅比兴外，未尝著空文……上可裨教化，舒之济万民。下可理情性，卷之善一身。""六义"，即作为儒家诗论总结的《毛诗序》提出的风、雅、颂、赋、比、兴。白居易后来又把六义简称为"风雅比兴"，并把自己创作的讽喻诗的内容概括为"美刺比兴"，其用意在于宗奉汉儒以美刺论诗的传统，强调诗歌关注现实、干预时政的讽喻作用。

白居易之所以重视风雅，是因为从这两类诗作中可以窥知人情的美恶、政教的得失，从而引起当权者的注意，并采取改革的措施。这和他提倡采诗和写作讽喻诗以"裨补时阙"的要求是一致的。他是新乐府运动的倡导者和领导者，主张恢复古代的采诗制度，发扬《诗经》和汉魏乐府讽喻时事的传统，使诗歌起到"补察时政""泄导人情"的作用，同时也身体力行写了大量的讽喻诗，但也因此受到了当时权贵们的厌恶和排挤。

"美刺"一词中，"美"是歌颂，"刺"是讽刺，也就是指人们可以通过诗来赞美或讽刺政治和社会生活现象，而朝廷也可以通过诗来了解人们的感情。对于"美刺"二者，白居易更注重"刺"。例如《新乐府》五十首中，刺诗竟占四十三首；少数几首颂美的诗篇，实质上是为当权者提供可资效法的榜样，以促使其自省、自戒，这其实是一种"婉讽"的方式。赋、比、兴本来指《诗经》的表现手法。在这三者之中，白居易之所以看重比兴，并非重在表现手法，而是重在这两者或有感于外界事物（即感兴），或借比于外界事物，从而进行美刺讽喻。实际上他写作的讽喻诗多用赋体，用比兴手法者反而甚少。这是因为他所强调的风雅比兴，主要是关于讽喻诗的思想内容。在他看来，只要是诗篇内容关乎美刺讽喻，就符合他所标榜的风雅比兴原则，而比兴手法则是次要的，甚至是可有可无的。

白居易在《与元九书》中表示要大力扭转当时社会上背离"诗道"传统的倾向，使诗歌创作回到重视美刺比兴、关心国事民生、积极为政治服务的儒家诗道上来。为此，他提出了"诗者，根情"和"情者系于政"的命题，试图基于诗歌的艺术本质和特点，从理论上阐明诗歌作为一种艺术样式，之所以可能和应当为政治服务的理由。

白居易认为，在情、言、声、义构成诗歌的四种要素中，情是诗的根基和生命所在。也就是说，诗歌作为一种艺术样式，不仅诉诸人的理智，而且诉诸人的感情；不仅以理服人，而且重在以情感人。统治者如果能够重视诗歌的这种感化人心的特性和功能，以"六义"为经、"五音"为纬，达到内容和形式的和谐统一，使之符合美刺讽喻的要求，就可以发挥其沟通统治者同人民之间的思想感情的功能，使各种社会矛盾和危机得到缓和，这样就可以达到"垂拱而治"、坐致升平的目的。为了充分利用诗歌以情感人的艺术特性，以便使它更好地为政治服务，白居易进一步把"情"和"政"挂起钩来，提出了"情者系于政"的命题。

就诗歌而言，究竟如何为政治服务呢？简言之，就是要着眼于诗歌的艺术特性，充分利用"诗者，根情"的感化功能，充分发挥"情者系于政"的认识作用，就上而言是要采诗以"补察时政"，就下而言是要写诗以"泄导人情"。一方面通过提倡写作反映社会弊端和人民疾苦的讽喻诗，来宣泄人民的愿望和呼声；一方面强调通过采诗以察知人情的美恶、风俗的盛衰和政教的得失，从而根据人民的意愿来改良施政措施，以缓和统治者同人民之间的矛盾。

为了实现诗歌的"美刺"作用，白居易还强调诗歌要"真"和"诚"。白居易说创作必须崇尚质朴而抵制奢靡，注重真诚而反对伪造，要用质朴的文风反映事物的本来面貌。因为只有怀着真诚的心，才能从根本上做到真实地反映生活。

值得注意的是，"美刺"的社会作用与抒情性、审美性是不冲突的。白居易的"诗者，根情，苗言，华声，实义"就指出了情感是诗歌的根本，同时也要重视语言和音韵。诗歌的"美刺"作用也是借助于诗歌的审美功能来实现的。

简言之，白居易的诗论观点代表了儒家美学在唐代的发展新趋势，他在诗歌创作中所提倡和坚持的"美刺"思想和现实主义精神在美学中也占有很重要的地位。

第三节　殷璠："兴象"说

"兴象"是由唐代文学家殷璠提出的，它的提出建立在意象说的基础之上。"兴象"是意象的一种，是美学中一个重要的范畴。

殷璠，江苏丹阳人，唐代文学家、诗选家，曾编著《河岳英灵集》，该作选录了唐朝年间李白、王维、高适、岑参、孟浩然、王昌龄等二十四位诗人的诗歌，对每位诗人都有简洁、精辟的评论。殷璠批判了齐梁以来的只注重形式的诗风，主张内容与形式并重，声律与风骨兼备。他还提出了一个重要的概念"兴象"，标志着唐代关于意象说审美体系的成熟。

殷璠把"兴象"作为选诗和评诗的一个重要标准。"兴"是儒家提出的对于诗歌艺术中意义与意象之间关系的一种分析和概括。历史上对于"兴"的理解大体上可以分为两类：一类是将"兴"理解为诗的深层意蕴，它既是关于国计民生的思想，又包含有道德政治内容，具有"美刺"功能，同时这种意蕴不能直接说出，需要借助他物委婉道来；另一类是将"兴"理解为一种艺术手法，即在《诗经》中与"赋""比"并列的："兴者，有感发兴起之意，是因某一事物之触发而引出所要叙写的事物的一种表现手法。""象"是指诗人根据外界客观事物之形而创造出来的形象，是蕴含着情感的艺术作品中的意象。

由此可见，"兴"虽然有深层意蕴和艺术手法两种理解，但两者并不矛盾，甚至还有很多相似之处。在《诗经》中，"兴"的这两种理解都能找到根据。例如《诗经·周南·关雎》开头："关关雎鸠，在河之洲。窈窕淑女，君子好逑。"用水鸟相互应和的鸣叫来引出男子对女子的爱慕之情，所要表达的事或意蕴不便于直接说出来，便用与所说之物相关的其他事物说出来，同时这也用了"兴"的手法。再如《孔雀东南飞》中开篇写"孔雀东南飞，五里一徘徊"，以飞鸟徘徊起兴，引出夫妻离别的描写。

要理解殷璠所提出的"兴象"的含义,还可以联系"比"的艺术手法,在古代诗歌中,"比"与"兴"经常一起出现,二者有相似的地方,都是要写的事物不便于直接写出,而通过一种委婉的方式表达,但二者侧重各有不同,"兴"重在托出作者的情感,而"比"重在将难解之理化难为易。综合以上理解,殷璠所提出的"兴象"就是按照"兴"这种方式产生的意象,它是由外界事物触发心灵而自然产生的,这时情感、意义与意象是融为一体的。"兴象"的产生过程是一种自然的感发,并不是有意地安排,而且这种意象含义深远、委婉、耐人寻味。换句话说,艺术作品中有了这种自然产生、不造作、深婉的意象,就会充满韵味和美感。

陶渊明是东晋时期的山水田园诗人,他的诗备受人们喜爱,其中一个很重要的原因就是陶诗中的形象往往具有这种兴象的艺术特征。以《饮酒》诗中的第五首为例:"结庐在人境,而无车马喧。问君何能尔?心远地自偏。采菊东篱下,悠然见南山。山气日夕佳,飞鸟相与还。此中有真意,欲辨已忘言。"这首诗的大意为:居住在人世间,却没有世俗交往的喧扰,因为只要心志高远,自然就觉得僻静了。在东边的篱笆下采摘菊花,无意中看见了南山,山气缭绕,傍晚的景色很美,飞鸟结伴飞回。想要说出其中真正的意义,却不知道用什么语言才能表达。陶渊明在这首诗中选取了菊花、篱笆、南山、山气、飞鸟等很常见的意象,但整首诗又不仅仅限于描写这些意象的本来意思。因为这些意象触发了诗人内心的情感,诗人通过这些意象委婉地表达出自己对田园生活的热爱和超然物外的心境。这些意象就具有"兴象"的特征。

由于"兴象"主要侧重于意象包含的情感和意象表达得委婉这两方面,所以殷璠认为,好的诗只有"兴象"还不够,还要具有"风骨"等,以增加艺术形象刚健的一面。

殷璠的兴象说发展了意象说,突出了情感的地位,反映出唐代在诗歌审美意象方面的新成就。

第四节　张彦远："凝神遐想，妙悟自然"

唐代绘画高度繁荣，名家辈出，随之带来了艺术理论的繁荣，其中比较有名的是张彦远的绘画理论。

张彦远，字爱宾，蒲州猗氏（今山西临猗）人，唐代画家、绘画理论家，出身宰相世家，家中世代喜好书法绘画，家藏法书名画十分丰富。张彦远擅长书画，精于鉴赏，在书画理论方面取得了很高的成就。他著有《历代名画记》，这是中国第一部系统的、完整的关于绘画艺术的通史，被誉为"画史之祖"。

《历代名画记》共十卷，体例完备，结构宏大。前三卷论述了古代绘画的源流发展、兴衰历史，以及历代能画人名、理论技法、师承传授、画体工具、书画价值、绘画鉴藏、书画款印、绘画装裱、寺观壁画、秘画珍图等各个方面。后六卷为画家小传，述评了自轩辕时至晚唐会昌元年（841年）画家372人的事迹和作品，史料宏富，论评精当。

《历代名画记》中的《叙画之源流》开头即指出绘画的政教功能："夫画者，成教化，助人伦，穷神变，测幽微，与六籍同功。"接着讲到古代"河出图，洛出书"等书画起源的神话传说，张彦远认为古代"书画异名而同体"，后来绘画的发展一直与它的政教功能有密切关系："丹青之兴，比雅颂之述作，美大业之馨香，宣物莫大于言，存形莫善于画，此之谓也。"可以看出，张彦远的美学思想以儒家美学为主，即强调艺术的政教功能。

张彦远提出了"凝神遐想，妙悟自然，物我两忘，离形去智"的观点，这是对绘画欣赏时的心理特点的描述，也同样适用于艺术创作过程。关于"妙悟"的审美理念，是张彦远美学思想中比较特别的一点，体现了他与先秦时期老庄思想的相通和联系。

所谓"凝神遐想"，"凝神"就是集中精神，使注意力集中。"遐想"

就是想象，发挥自己的想象力。"凝神遐想"既要使精神集中，又要发挥想象力，使想象处在高度活跃的状态。这两者看似矛盾，实则是统一的、相辅相成的。只有排除了内心的杂念，使注意力集中时，内心才能进行丰富活跃的想象。

"妙悟自然"中的"悟"是感悟、体悟的意思，"妙悟"就是通过感性的、直觉的方式来体悟。因此，"妙悟自然"是指用感性的方式来体悟世界自然之道。

"物我两忘"是一种欣赏者与客观事物融为一体的状态，庄周梦蝶的故事最能说明这一状态。相传战国时期，庄子曾经梦到自己是一只蝴蝶，感到十分愉快、惬意。醒来后的庄子仍十分疑惑，不知自己到底是蝴蝶还是庄子。这可以说是一种忘我的境界，将自己与外界的事物融合在一起了。

"离形去智"中的"形"是形体、"智"是智力。这要求在对艺术品进行欣赏时，要排除自己内心的欲念和成见，保持一颗虚静心。在欣赏一幅画时，不能以是否有用和价值高低等功利性的标准来评判，否则就会扰乱内心对于画作真正的美的欣赏。因此，"离形去智"是对欣赏艺术作品时的要求。

张彦远认为"妙悟"是对绘画表现对象的感悟和认识，表现于绘画创作的整个思维活动中。从美学的角度看，妙悟概括了画家在绘画创作活动中经常发生的一种艺术思维现象，具有绘画审美认识论的特点。张彦远论述顾恺之的绘画创作时说："遍观众画，唯顾生画古贤，得其妙理，对之令人终日不倦。"为什么顾恺之能有此成就呢？张彦远指出，关键在于他能"妙悟自然"。这里的"自然"不只是指自然之山水，而是泛指绘画表现的一切客体对象。就顾恺之的创作而言，主要是指他画的古贤人物。在张彦远看来，"妙悟自然"就是要通过直觉的、感性的方式来认识自然，即认识一切表现对象。这是中国美学史上第一次用"妙悟"这个词来概括审美认识论的思维特点，在绘画创作中贯彻"妙悟"的审美认识论思想，才能"应会感神，神超理得"，"理入影迹，诚能妙写"，在绘画欣赏中贯彻"妙悟"的审美认识论思想，才能"鉴戒贤愚，怡悦情性""穷玄妙于意表"。张彦远对"妙悟"这一概念的应用，从绘画创作和欣赏两个方面突出了审美认识论的作用。可以说，《历代名画记》贯穿了绘画活动的审美认识论思想，对后世人们的艺术创作和欣赏产生了巨大的影响。

第五节　司空图：意境理论的集大成者

在中国古典美学史上有两部《诗品》，一部是南朝时期钟嵘的《诗品》，一部是唐代司空图的《二十四诗品》，同是"诗品"，其"品"字的含义却不相同。钟嵘《诗品》之"品"，是"品评"之意，探讨其源流，区分其高下，考评其等级；《二十四诗品》之"品"，是指诗歌的"品格"，也就是境界、风格之意。诗的境界是构成风格的核心，风格主要是通过境界来展示的。司空图正是通过一个个具体可感的审美意象，阐释了二十四种不同的意境风格，成为中国美学史上意境理论的集大成者。

司空图，字表圣，自号知非子，又号耐辱居士，河中虞乡（今山西运城）人，晚唐诗人、诗论家。他少有文才，曾擢进士及第，为官不久便退隐山林，他的诗多抒发山水隐逸的闲情逸致，内容淡泊，讲究含蓄蕴藉的韵味和清远醇厚的意境。他的诗论《二十四诗品》是唐诗艺术高度发展在理论上的反映。

《二十四诗品》区分诗歌的境界风格为二十四类：雄浑、冲淡、纤秾、沉著、高古、典雅、洗炼、劲健、绮丽、自然、含蓄、豪放、精神、缜密、疏野、清奇、委曲、实境、悲慨、形容、超诣、飘逸、旷达、流动二十四品。可以说，各种风格大都包含在内，并且不倾向于任何一种风格。司空图充分描绘、比较、说明了诗歌各种风格类型的相似、不同和相悖，其细致的程度大大超过了前人。这种采撷、分类的工作，无疑有助于人们认识艺术风格的多元化。

这二十四类境界风格是不分高下地并列的，它们都是美的。但这些风格美不是用抽象的议论来揭示，而是用生动的意象来显示。司空图以比喻和象征的手法摹写各种艺术风格的特点，从而使人易于觉察和把握，这是中国古代风格学说的一大特点，也是一大优点。这种方法在魏晋南北朝时已颇为流行，最初是用来评价人物，后来才运用到作品的评价中。司空图将这种方法运用得淋漓尽致，例如他以"天风浪浪，海山苍苍"比喻"豪放"境界中的开阔之境；以"如渌满酒，花时返秋"比喻"含蓄"风格的欲露还藏；以"杳霭流玉，悠悠花香"比喻"委曲"格调的幽婉曲折；以"采采流水，蓬蓬远春"比喻"纤秾"之风的生机勃发；以"空潭泻春，古镜照神"比喻"洗炼"之境的明澈纯净；以"荒荒油云，寥寥长风"比喻"雄浑"境界的浑然一气、鼓荡无边；以"巫峡千寻，走云连风"比喻"劲健"风貌的真力弥漫、气充势足。这些比喻都是那么鲜明生动、新颖原创，既让人如见其形、如闻其声，又给人以诗情画意的审美享受。司空图也扩大了这种比喻符号的范围，有时通篇描写能表现某一风格特征的自然美景，启发读者对这类文体的理解。例如："娟娟群松，下有漪流。晴雪满汀，隔溪渔舟。"（《清奇》）"露余山青，红杏在林。月明华屋，画桥碧阴。"（《绮丽》）作者通过这两种意境仿佛告诉我们，前者澄澈明丽，是清奇之风的特征；后者色彩明丽，此为绮丽之貌。司空图对二十四种不同诗风的形象予以深刻的论述，标志着唐代意境理论的高度成熟。

其实在司空图之前，许多文人和诗论家对"意境说"已有所奠基。从先秦时期的"象"这个范畴的提出，到魏晋南北朝有了"意象"的范畴，再到唐代"意象"的谈论已经比较普遍，唐代对"意境说"发展的一个关键是"境"的提出。在美学上，最早提出"境"这个概念的是在王昌龄的《诗格》中："诗有三境：一曰物境。欲为山水诗，则张泉石云峰之境，极丽极秀者，神之于心，处身于境，视境于心，莹然掌中，然后用思，了然境象，故得形似。二曰情境。娱乐愁怨，皆张于意而处于身，然后用思，深得其情。三曰意境。亦张之于意而思之于心，则得其真矣。"在这里，王昌龄分出了三种境界，分别是物境、情境、意境，分别对应着自然山水之境、人生经历之境，以及内心意识的境界。后来，诗人皎然把"情"与"境"联系起来，提出"缘境不尽曰情""诗情缘境发"等观点。对于"境"，刘禹锡提出了一个明确的观点："境生于象外。""象外"一词源于魏晋南北朝时期谢赫说的"取之象外"，是说画家不要停留在有限的孤立的物象，而要突破这有限的"象"，从有限进到无限。这样创造出来的画面形象才能体现作为宇宙的本体和生命的"道"（气），达到微妙的境地。这直接引发了唐代美学中的"境"的范畴。唐代讲的"境"或"象外"，也不是指"意"，而仍然是"象"。"象外"不是某种有限的"象"，而是突破有限形象的某种无限的"象"，是虚实结合的"象"。这种"象"，司空图称之为"象外之象""景外之景"。

在此基础上，司空图进一步提出了"思与境偕"的观点："王生寓居其间，浸渍益久，五言所得，长于思与境偕，乃诗家之所尚者。"这里的"思"就是艺术创作的构思，属于艺术创作的主观方面，而"境"以物质形象为基础，属于客观方面。在艺术创作过程中，这两个方面相互作用，"思"为主导，但"境"也有反作用，二者相互作用，如果能达到和谐的境地，那么"意境"就会生成。

总之，在司空图看来，"意境"的产生包含着主观和客观双方面互动的丰富过程，二者缺一不可，只有相互统一，相互融合，才能产生优美的艺术境界。他的"意境说"既清楚地表明了"意境"的美学本质，也暗示了它与老庄美学的渊源，在中国美学史上具有深远的影响。

第六节 荆浩：绘画中的美与真

荆浩，字浩然，号洪谷子，河内沁水人，生于唐末，卒于五代，画家。早年为官，后来因政局多变，于是退隐在太行山一带。荆浩擅画山水，他的创作具有北方山水的雄峻气格，是北方山水画派的代表人物。荆浩所著《笔法记》是古代山水画理论的经典之作，书中提出了绘画"六要"，以及"度物象而取其真""删拔大要，凝想形物"的命题，对后世绘画的发展影响巨大。

绘画"六要"是针对绘画创作提出的六个要求，这"六要"分别指："气""韵""思""景""笔""墨"。"气"是指绘画时心中要具有"气力"，胸有成竹，对所画的东西要有一定的准确把握，这样在绘画过程中就可以行笔果断而流畅；"韵"是指绘画要有格调，有韵味，这样作品才能耐人寻味；"思"说的是构思，也就是绘画前的布局谋篇；"景"指的是描写对象，要求根据事物的变化，真实地反映所画之物的神韵；"笔"是指绘画时的笔法、手法；"墨"则是指绘画时的用墨，也就是不同内容用墨多少的安排。

在绘画"六要"中,"思"是指"删拨大要,凝想形物"。"删拨大要"即删除不必要的东西,而留下最主要和最重要的,是一个集中、提炼和概括的过程。"凝想形物"是指围绕着客观事物的形象来进行创造想象,可以说,这一过程是要求根据客观事物进行创造性的想象,提炼和表现出事物的"气",而这一过程的结果就是创造出"景"。关于"景",荆浩说:"景者,制度时因,搜妙创真。""制度时因"就是指自然山水会随着季节、时间等的变化而变化,"搜妙创真"则是指在进行绘画创作时要根据这种变化真实地表现自然山水的内在规律与生命。荆浩对"真"十分注重,这里的"创真"不是对自然事物被动的反映,而是通过人的思考与努力,在准确把握自然事物本体与生命的基础上对事物的表现。

为了对"真"进行强调,荆浩还提出了"度物象而取其真"的命题。荆浩指出,尽管绘画是一种创造,但也要对客观事物进行真实的反映。对于"真"的理解,要正确区分"真"与"似"的界限。荆浩指出,"似"是仅仅孤立地描绘客观事物的外形,只注重外形而忽略对事物的内在特点和所包含精神的把握。"真"的要求更进一步,不仅要真实地描绘事物的外形,还要注意表现事物的内在特点与精神,也就是事物的本体与生命,这种事物的本体与生命往往被称为"气"。因此,"真"在表现事物外形的基础之上还表现了事物的"气",而"似"则是只表现外形,不表现"气"。可见,荆浩对于"真"与"似"的界限是通过"气"这一关键点来区分的,这是"似"与"真"的本质区别。"真"是"形似"与"气质"的统一。绘画艺术的本质和目标就是要做到"真",使所画不仅在外在形象上与客观事物相似,还要能表现这一客观事物的本体与生命,表现"气"。而只有做到这一点,画面才会充满意蕴而具有生命力,让人在欣赏时感觉到美。由此可知,荆浩的"度物象而取其真",指的是在充分忖度客观物象基础上进行加工提炼,择取最具代表性的部分。它的精神实质与姚最一脉相承,说明"真"既是一种创作方法,又是一种审美标准,是中国书画史上传承久远的重要命题。

唐代书法家孙过庭在对书法进行论述时指出,书法中所写的字应该具有和造化自然一样的品质,也就是"同自然之妙有",这样所写的字才会具有美感,所谓的"自然"也是要表现"气"。从荆浩、孙过庭两人的主张可以看出,在唐及五代的书法和绘画美学中,"自然""真""气"这三个范畴是紧密联系在一起的。艺术家塑造的意象表现了"气",才会是"真",才能同自然一样表现出生命力，而做到这一点，意象也才会令人感动。

由此可见，中国古典美学不仅注重美与善的统一，同样也注重美与真的统一。中国与西方在艺术创作时都主张"真"，但是它们的概念不同。虽然它们都要求对物象进行真实的描绘，但是中国古典美学还注重表现自然的本体和生命，也就是"气"，而在西方美学中，"真"不具有这样的含义。

为了达到"真"这一艺术境界，荆浩还给出了具体途径或方式，即在形似基础上净化心灵，去除杂欲。过于急功近利只会损害绘画之真，他认为："嗜欲者生之贼也。名贤纵乐琴书图画，代去杂欲。""代去杂欲"既是一种创作态度，又是一种艺术理想，它将绘画明确引向了自娱娱人的纯粹精神境界。因此，"图真"显然是绘画的终极目标，它包含着形、气、华、实、象等诸多因素。"凡气传于华，遗于象，象之死也。"华就是华美，是与之相对应的"实"的艺术性升华，是由实而生的艺术效果，这对绘画来说必不可少。但是"实"才是艺术的本真，是物之神、物之气、物之韵、物之源，因此他说"不可执华为实"。

荆浩所提出的"六要"其实就是他要达到的"图真"的六种方式。"六要"是荆浩为山水画艺术制定的六条新标准，尽管有南朝谢赫"六法"的影子，但却是人物与山水两种不同画种间的审美转换，是荆浩在山水画创作实践基础上的理论总结，它的开创之功是显而易见的。

五代　荆浩
匡庐图
绢本水墨
185.8cm×106.8cm
台北故宫博物院藏

第五章 宋代——宋明理学和美学的完成

宋代承继唐代，文化也极为繁荣，宋词相较唐诗篇幅更大，讲究抒情和声律，与诗形成互补，为人们的审美情感开创了更为广阔的天地。宋代理学的出现为中国美学的发展规定了新方向，理学思辨的特点使宋代的诗论、画论更加精微。宋代美学对"韵"十分强调，无论苏轼对于诗画一律的强调，还是范温对"韵"的直接论述，范晞文对于情景关系的讨论，以及郭熙对山水画"三远"的分析等，都是为了艺术作品能够具有意蕴和韵味。

第一节　苏轼："诗""书""画"

关于"诗"与"画"的关系问题是宋代美学常谈的，这实际涉及了不同艺术门类在审美意象方面的共同性和差异性的问题，也从侧面反映了宋代美学对于审美意象问题的进一步深化。宋代关于"诗"与"画"的讨论比较有代表性的是苏轼。

苏轼，字子瞻，号东坡居士，眉州眉山（今四川眉山）人，北宋文学家、书画家。苏轼是北宋中期文坛领袖，在诗、词、文、书、画等方面均取得了很高成就。他对于绘画和诗歌创作都追求"自然"的境界。

正如我们所知，发端于道家哲学的"自然"艺术思想，在魏晋南北朝时期已受到普遍重视，如鲍照评价谢灵运的诗"如初发芙蓉，自然可爱"。"自然"自六朝以来一直贯穿在艺术创造理论中。唐代李白的诗歌创作如"清水出芙蓉，天然去雕饰"，也充分体现出"自然"的特点。北宋崇尚自然天真之美成为艺术潮流，欧阳修、黄庭坚等在诗论、文论和题画诗跋中多有论及，而苏轼本人对于诗歌和绘画创作也强调"自然""清新"，他在《书晁补之所藏与可画竹三首》中评文与可画竹是："其身与竹化，无穷出清新。"苏轼说的"萧散简远，妙在笔墨之外""外枯而中膏，似淡而实美"，实际就是平淡、清淡、朴素、自然之意，与"天工与清新"相表里。

苏轼是豪放词派的开山鼻祖，他年轻时期的词多清新豪健，汪洋恣肆，善用夸张、比喻，将充沛激昂甚至悲凉的感情融入词中，体现了慷慨豪迈的词风，如《念奴娇·赤壁怀古》等。但他的作品中也有一小部分婉约词，如《蝶恋花·春景（花褪残红青杏小）》。他的一生饱经忧患，曾经做官，但因作诗讽刺王安石的变法而入狱，几次濒临被砍头的险境。晚年时，苏轼的词已经不再具有年轻时的豪放之气，更加平淡和质朴。需要注意的是，他的平淡和质朴并不是内容空洞，缺少意蕴，而是内容充实，意蕴深远，是一种"绚烂至极归于平淡"的境界。这种境界是需要长时间努力才能达到的。

在绘画中，苏轼主张形似与神似的统一。形似是绘画中艺术形象得以成立的基础，但不是论画的唯一标准。作画要形神兼备，不能舍弃外在形象的真实而仅仅去追求内在精神的相似。苏轼还谈到了事物的规律性，认为人们在写诗或绘画时，要以符合事物的规律为前提。但是绘画不能完全按照规律来画，而是应该"随物赋形"，根据客观事物本身的不同形态给予形象生动的描绘，这样才能够画出事物的特殊性，画出不同的姿态。苏轼认为美就在于表现出事物的个性、特点，表现出生活的千姿百态。

同时，苏轼还主张诗歌与绘画的相互渗透，他评论王维的作品时说："味摩诘之诗，诗中有画；观摩诘之画，画中有诗。"这是苏轼对王维诗画风格的一种美学评价。王维精通佛学，受禅宗影响很大，他作画笔简意丰，有一种诗意的境界，作诗也简远而富有禅意。苏轼认为王维的诗善于描写景物，有图画般的"视象世界"，是诗中有画；王维的画富有诗的意境，诗意盎然，是画中有诗。诗与画在王维身上实现了相通相融，毫无间隔。苏轼的点评引发了后人对不同艺术门类之间的同一性与差异性的思考。诗歌是用语言、文字来表达作者的情感、意志，语言、文字没有时间上的限制，人们在读文字的时候，所接受的东西是会随着时间的延长而增多的。但是语言、文字在空间上所传达的意义却相对固定，它表达了这一空间的事物，就不能表达那一空间的事物。故诗歌的时间性、动态性强。绘画是用形象造型来表达作者的思想、情感，用形象造型组成的画面往往是有限的，它很难表现一段时间内的事情，所以，绘画所表现的事物往往是静态性的。诗歌与绘画这两种艺术形态，在表现方式上是有不同的，但是它们都是通过创造审美意象来表达情感。如果诗歌吸取了绘画中形态鲜明、生动的特点，让人读来就会感觉"诗中有画"；如果绘画吸取了诗歌情感表达丰富、深长的特点，人们观赏起来就会感到"画中有诗"。

王维的《山居秋暝》一诗，将山、明月、松树、清泉、浣女、莲蓬等多种意象完美地融合在一起，描绘了一幅秋雨初晴后傍晚时分山村的旖旎风光，表现了诗人寄情山水田园并对隐居生活怡然自得的心情。它虽然是一首诗，但像一幅清新秀丽的山水画，表现了"诗中有画"的特点。

"诗中有画，画中有诗"是一种很理想的境界，实现起来是具有难度的。明末清初文学家张岱就指出，根据诗句来作画，画未必能作得好，根据画中的意象来作诗，诗也未必会妙。张岱还举例说"举头望明月，低头思故乡"中的"思故乡"是无法画出来的。可见，像"思乡"这一类内心情感是不容易在画面上表现出来的，而且，声音、味道、感觉、氛围与格调，这也是很难画出来的。诗中可以表现画面性，画中可以表现诗意，不同门类的艺术之间是有同一性的。但是诗中的情感、氛围等又不能完全在画中展现，这便是不同艺术之间的差异性。它们都是客观存在的。因此，苏轼所主张的"诗中有画，画中有诗"在一定程度上是诗所表现的情感和画所表现的形态的渗透与结合。

另外，苏轼还提出了著名的"诗画一律"理论，揭示了中国诗画交融的本质特征。他在《书鄢陵王主簿所画折枝二首·其一》中写道："论画以形似，见与儿童邻。赋诗必此诗，定非知诗人。诗画本一律，天工与清新。边鸾雀写生，赵昌花传神。何如此两幅，疏澹含精匀。谁言一点红，解寄无边春。"苏轼在这里对"诗画一律"的直接解释是"天工与清新"。所谓"天工"，即天真自然，去雕饰，不刻画；所谓"清新"，即自然、清丽、清婉而有新意、有奇趣。苏轼所说的"天工与清新"，既是从审美层面指出诗画作品所呈现出的风格特征和审美标准，又是从创作层面指出诗画创作所具有的共同追求。

除了诗文绘画，苏轼对书法也很有见地。他总结了书法的"技"与"意"的关系。他将书法比喻成人的生命与活动，他认为书法与人体一样，具有"神""气""骨""肉""血"五方面，其中"神"和"气"属于内在精神，因此可以统称为"神"，"骨""血""肉"属于外在形体的组成部分，可以统称为"形"。苏轼提出书法要将这五个方面统一起来，形神兼备，才能体现生命的意味。他还将楷书比作人站立，将行书比作人行走，将草书比作人快跑，形象而准确地揭示出楷、行、草各自的本质特点。苏轼看到了书法中各种字体的特点，同时也看到了各种字体的难点所在。他认为，各体书法的美就在于克服自身的弱点和难点。楷书拘谨、端正而难以飞扬；草书与之相反，飘扬灵动而难以端正。其实任何一件事物都不是完美的，只要是将长处与短处和谐地统一起来，达到合适的度，就会是美的。楷书和草书的美在于端正与灵动的统一。只是楷书是将灵动的特点融入端正之中，端正居于主位，而草书是将端正融入灵动之中，灵动居于主位。

此外，苏轼还认为"凡世之所贵，必贵其难"，这是十分深刻的。即想要将书法练好，是需要付出巨大努力的。而苏轼在书法上主张不拘成法的这种自由，正是通过不断的刻苦学习积累而来的。与此同时，苏轼也强调，书

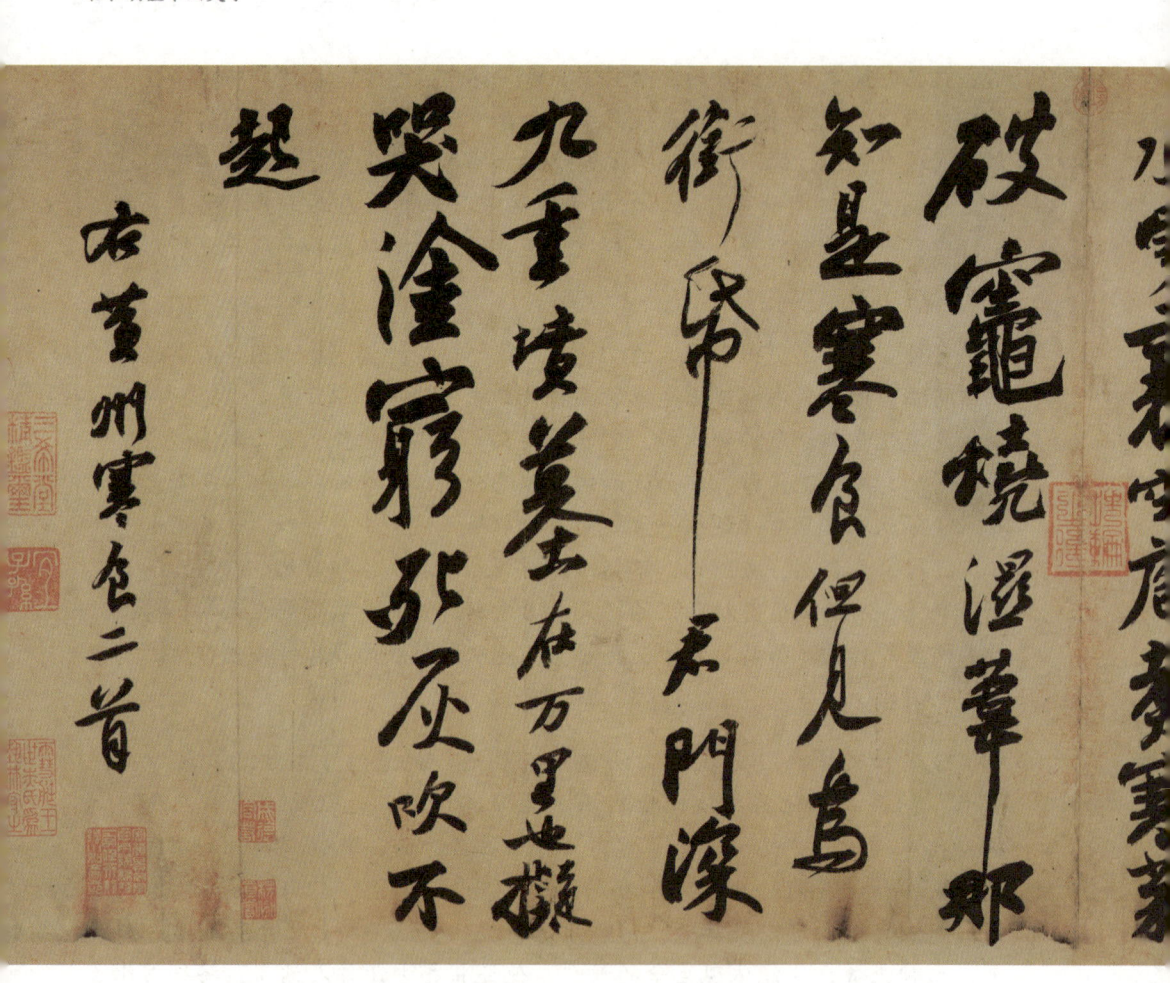

北宋　苏轼　寒食帖　纸本水墨　34.2cm×199.5cm　台北故宫博物院藏

法重要的不在于模仿，而在于创造，在于对自己心意的表现。他认为在一定程度上可以通过一个人的书法去了解这个人的性情。苏轼的这些美学思想十分经典，对后人诗词、书画创作有积极的指导作用。

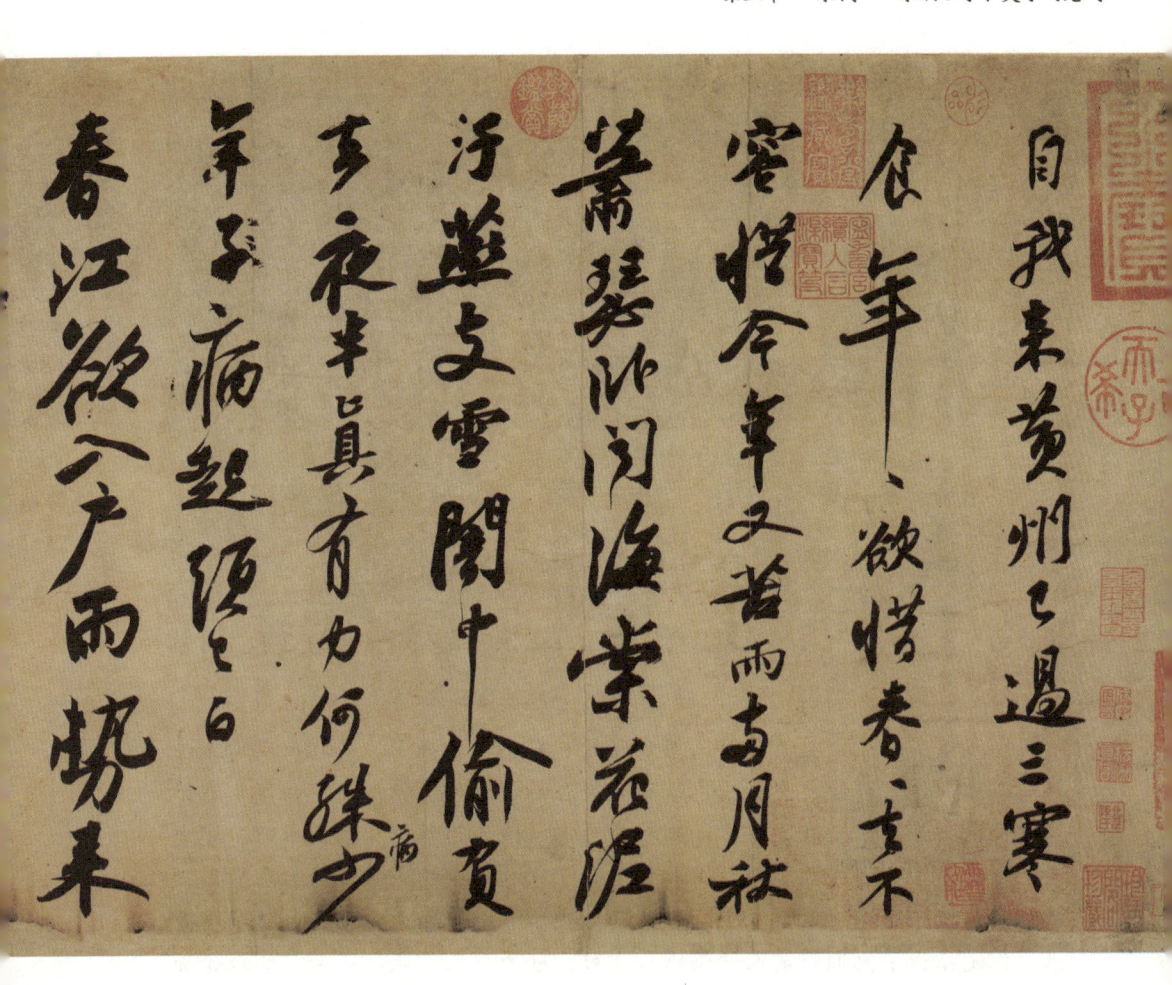

第二节 黄庭坚:"点铁成金"与"夺胎换骨"

　　黄庭坚,字鲁直,自号山谷道人,晚号涪翁,洪州分宁(今江西修水)人,北宋文学家、书法家。他一生两遭贬斥,历经坎坷,却在文学艺术上具有辉煌的成就。他与苏轼并称"苏黄",开创了宋代最有影响的诗歌流派——"江西诗派",他被奉为一代诗宗。他的书法继往开来,卓然自成一家,与苏轼、米芾、蔡襄一起,被后人誉为"宋四家"。在美学上,黄庭坚

北宋　黄庭坚　松风阁诗帖　纸本水墨　32.8cm×219.2cm　故宫博物院藏

　　提出的"点铁成金"与"夺胎换骨"理论，主张对古人创造性的继承，对当时和后世产生了深远影响。

　　"点铁成金"出自黄庭坚写给外甥的《答洪驹父书》，是指改动古人原来文章中的语言，使之更加出色。黄庭坚在诗歌创作上特别讲究法度，在诗歌方面他推崇杜甫，在文章方面则推崇韩愈。他认为作诗、写文章时，完全自己创新是十分困难的，而杜甫和韩愈善于吸收前人的成果，为自己所用，就解决了这一困难。他说杜甫和韩愈的诗文"无一字无来处"，虽然有些夸张，但是指出了他们对前人的继承和学习，也为自己"点铁成金"的理论提供了依据。语言具有传承性，可以重复使用，而且，古人的语言也是经过反复推敲和锤炼的，具有很高的价值，值得后人借鉴和学习。此外，诗歌是人情感的表达，古今中外的人思想情感都有相通之处，古人将思想情感凝结在诗文中，今人对其进行适当的改造，甚至原封不动地引用，也能在一定程度上表达今人的思想情感。因此，继承古人的传统，学习古人的语言，也是一种创作方法。

　　除了诗歌创作，黄庭坚在书法上也强调学习古人。他自述小时候喜欢写草书，一开始并没有以古人为师，只是管中窥豹般地领略了一点，有时候一着急便法度全无，连自己都认不出写的是什么了，后来他逐渐认识到学习古人的重要性。

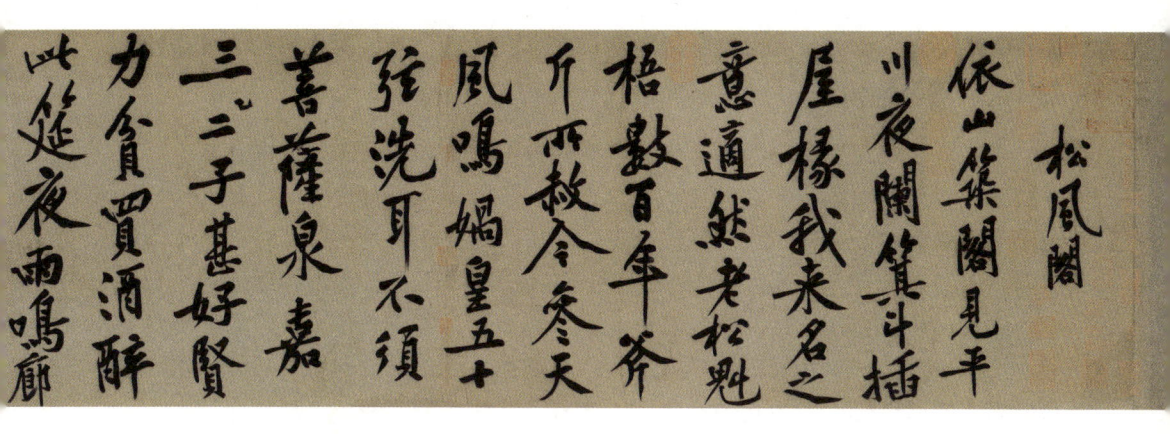

第五章 宋代——宋明理学和美学的完成

> 松风阁
> 依山筑阁见平川夜阑箕斗插屋椽我来名之意适然老松魁梧数百年斧斤所赦令参天风鸣娲皇五十弦洗耳不须菩萨泉嘉二三子甚好贤力贫买酒醉此延夜雨鸣廊

　　黄庭坚的"点铁成金"并不是对古人一味地照搬，而是有所取舍，讲究艺术技巧。"夺胎换骨"就是对"点铁成金"这种继承方法的补充，意思是借用古人的题材或汲取古人诗文中的意思，但要用自己的话来表达。例如杜甫《自京赴奉先县咏怀五百字》中的名句"朱门酒肉臭，路有冻死骨"就是从《孟子》的"狗彘食人食而不知检，涂有饿莩而不知发"变化而来，都表现了百姓生活的贫苦、统治者的昏庸及社会的黑暗。杜甫《望岳》中有"会当凌绝顶，一览众山小"，这一句也是从《孟子》"登泰山而小天下"变化而来。

　　守法与破法是一对矛盾。黄庭坚既讲守法，又讲破法，看似矛盾，其实正体现了他在对立中求统一的艺术辩证法观点。例如在书法中，他认为死守王羲之的笔法点画，只是优孟衣冠，徒有其形貌，而无其精神，只有既用古法又不拘古法，才能写出好字。他在书论中教导学人，学习法度不能停留于临摹，而要善于揣摩古人笔意，然后有所悟入，最终化为自己的笔墨，进入自由不拘、挥洒自如的境界，让风神情趣自然流露于字里行间。所以他在论书时往往标举两种境界，在论"法"之后还会论及超于法的自由书写的"无法"境界。

　　对于黄庭坚的"点铁成金"和"夺胎换骨"说，历代都有褒有贬。褒者多认为这是对前人巧妙的继承，贬者则认为这是对前人的剽窃。其实，将这种方法运用得好，也是艺术创作的一个技巧。但要明白，这并不能成为艺术创作的主要方法，因为艺术要有所改变、进步、发展，最根本的还是要依靠创新，只有创新才能赋予艺术源源不断的生命力。

黄庭坚说模仿古人也并不是指直接挪用古人的东西，古人优秀的作品，可以作为典范、法则，黄庭坚称之为"正体"。但是在模仿古人时也要灵活运用这个法则，法则并不是要将人的写作方法固定住，而是要让人懂得在遵循法则的基础上进行变化，黄庭坚将灵活运用法则写出来的作品称为"变体"。他认为，变体虽然行云流水，富于变化，但仍要以正体为本，仍要遵循一定的法则。这个法则不是"死法"，而是会根据创作过程的不同、体裁的不同而有所变化，因而是"活法"。这与"点铁成金"和"夺胎换骨"本质上的要求是一样的。继承古人，但又不拘泥于古人，在继承传统的基础上进行创造，这十分符合艺术创作要求，也只有这样才能创作出更好的作品。

关于书法，黄庭坚还主张以禅喻书、援禅入书，这一主张对后世产生了巨大的影响。他指出学书要从临摹古人入手，但临摹只能得其形似，还要进一步"观"古人之书，细加揣摩，才能有得于心。这种"观"类似于禅观，即禅家凝神静虑的观照，它不是一般的观摩笔墨技法，而是体悟古人的笔意，达于触类旁通的境界。他说："然学书之法乃不然，但观古人行笔意耳。王右军初学卫夫人小楷，不能造微入妙；其后见李斯、曹喜篆，蔡邕隶八分，于是楷法妙天下。张长史观古钟鼎铭、科斗篆，而草圣不愧右军父子。"他揣摩古人的笔意并不拘泥于某一种书体，而是打破书体的界限对它做本质上的把握。黄庭坚早年曾拜黄龙宗祖心禅师为师，深受禅宗影响，他认为书法创作的状态就像是佛教所说的"随缘"的状态，这是一种面对事物顺其自然的状态，是一种来去自由的状态。在这种状态下创作，就能心手相应，排除成法等外在条件的干扰，进而自由地将感情抒发在笔与纸之间，使书法作品具有韵味。对于书法中的"韵味"，黄庭坚并没有做明确的解释，但他在文章中曾用"语少而意密"来论述"韵"，可见语言少而意义深厚，这种含蓄的特点是"韵"的一方面。苏轼强调对作者"意"的表现，黄庭坚强调要具有韵味。综合起来看，他们都是强调书法要体现出一种精神，要有内涵，充分反映出宋代书法"尚意"的特点。

第三节 郭熙:"身即山川"与"三远"

郭熙,字淳夫,河阳府温县(今属河南)人,北宋山水画家、绘画理论家。他出身平民,早年信奉道教,喜好游历,擅山水画,因临摹李成山水画受到启发,笔法大进。山水代表作有《早春图》《窠石平远图》等。郭熙除了画家身份,在画论方面也很有建树,总结出对四季山水的审美感受,以及山水构图"三远法"等。他的儿子郭思把他平日关于山水画的言论记录下来,编纂成《林泉高致》一书,是宋代重要的画论著作。

《林泉高致》是一部结构完整、思想丰富的山水画论著作,探讨了绘画技巧和绘画理论问题,汇集了郭熙卓越的艺术见解,其中提出了诸多美学命题。《林泉高致》主要分山水训、画意、画诀、画格拾遗、画题、画记六篇。前四篇为郭熙所作,后两篇为郭思附注。《山水训》为重要篇章,提出画山水的本意在于抒发"林泉之志",山水画家需"身即山川而取之",要"饱览饫看",达到"历历罗列于胸中",要"远望之以取其势,近看之以取其质";抓住对象特征特点,提炼概括,画出"可行""可望""可游""可居"的山水境界,分别四时并写出阴晴朝暮等景象和变化;提出平远、高远、深远为"三远",综括了山水画的取景法。对于画学,该书反对局限于"一己之学",主张"兼学并览,广议博考"而"自成一家"。

"身即山川而取之"是《林泉高致》中提出的重要命题,意思是画家要置身于山水之中,亲身感受山水,将自己的情感赋予山水之中,才能发现自然山水的美,才能创造出美的意象。郭熙还将画山水与画花、竹子进行比较。他指出,画花时将花放在深坑中,画家从上面俯瞰,就能看到花的四面;画竹子时将一枝竹子取下来,在月光下把竹子投影在墙壁上,就能看出竹子的真正形状;而画山水与画花、画竹子不同,画山水要置身于山水之中,才能发现和把握自然山水的美。由此可见,郭熙在观察山水的时候,将对山水的体验与个体的精神境界联系在一起,在艺术构思的时候把活体生命移入山水之中。

具体在观察自然山水之境的时候，郭熙强调要区别"远观"与"近觑"的不同。他认为只有"远观"才能真正认识"山形步步移"；只有通过"近觑"才能真正认识"山岩泉石"的地质构成。在审美体验阶段，因季节、气候、时间、地域、位置等方面的不同而使自然景色也有所不同，这就要求画家必须仔细地观照自然之美，才能认识到"物象随观察角度而变化""同一物象于四季之间各呈其象""同一物象目力所及各有不同，因天气而异"等自然规律，才能创造出有主有次、有虚有实的完美意境。只有亲自"身即山川""饱游饫看"，体察山水在"春夏秋冬、阴晴寒暑、阴阳相背"中的不同变化，揣摩自然山水在不同状态中的表情，才能与自然山水达成精神上的交流。

在这种"远观"与"近觑"双向互动的视角下，郭熙又提出了山水画创作更深一步的命题，也就是著名的"三远法"：山有"三远"，从山下仰视山巅，叫作"高远"；从山前窥视山后，叫作"深远"；从近山来望远山，叫作"平远"。高远、深远、平远不仅代表了山水画的三种基本构图形式，还分别代表了观察山水景物的三种基本角度，即仰视、俯视与平视，这三种观察角度能够使审美主体对于自然山水有一个较为全面的认识，从多角度展现山水景物的丰富内质，最终将体验和感受诉诸笔墨。可以说，"三远法"为画家观察自然景物和构思经营位置带来充分的自由。

郭熙所构建的"三远"之思，探讨并解决了山水画中空间处理的原理问题，使画家们面对恢宏、广阔的山水时，获得了比较科学的表现本领。其间牵涉透视缩形与比例关系，而这些恰恰是绘画上必须切实弄清楚的基本技法问题，但这绝不仅仅只是三种视觉的表现，更关涉三种不同的审美趣味。它不仅概括了中国山水画的空间关系处理的规律，而且还体现了中国艺术家独特的空间审美意识。

为什么"远"的意境可以使山水画具有美感呢？因为山水是有形的东西，"远"的意境可以使山水画超越这一有形的限制，将人的目光延伸到远处，这样就能引发人的想象，让人从有限的东西生发出无限的韵味。山水画正是通过将有限与无限统一起来，将虚与实统一起来，表现"道"，表现宇宙的生机。人欣赏它时，才会体会到一种自然的、无限的美感。同时，山水画将人的精神引向自然山水中，使人的精神从纷繁复杂的社会生活中逃离出来，从山水画"远"的意境中体会到一种超脱现实的、无限开阔的感觉。这种感觉会使人内心变得宁静，心胸变得开阔，因此是美的。比如郭熙的《树色平远图》，画中的景物以河流为界线，分为前后两部分。前面近景画河流

第五章　宋代——宋明理学和美学的完成

北宋　郭熙　早春图　绢本设色　158.3cm×108.1cm　台北故宫博物院藏

北宋　郭熙　树色平远图　绢本水墨　32.4cm×104.8cm　美国纽约大都会艺术博物馆藏

近岸，平地坡石、古树枝干盘曲伸张。后面远景画河流的另一岸，古树后面还有亭榭，更远处高山隐约可见。整幅画以平远布局，景物不多，画面开阔，给人以清远的感觉，充分表现了郭熙的绘画特点。由此可见，山水画"远"的特点是十分突出的，这种"远"之所以能够给人带来美感，不仅是因为画面效果扩大了人的视觉范围，更重要的是，它在心灵上给人以开阔之感，这种开阔之感会使人联想到世界万物的无限，联想到时间历史的无涯，也会使人联想到漫漫人生。正是这一点，使山水画给人以回味无穷的美感。

在面对同样的自然山水时，有的人能感受到山水之美，有的人感受不到，郭熙认为，这是由于人们的审美能力不同。面对美的事物，人们还要有一颗审美的心，才能进行审美活动。郭熙将这种审美之心称为"林泉之心"，它指的是纯洁的心灵，内心不受世俗功利的烦扰，不死气沉沉，平静

第五章　宋代——宋明理学和美学的完成

而愉悦，充满生机和力量。有了这样的心灵才能体会到外界自然事物之美。郭熙提出以"林泉之心"进入审美过程的观点，是其绘画美学中具有高度概括性的理论总结，反映出当时的理论家对于"闲逸"的审美心态的共同认识。在山水画的创作中，欲得"林泉高致"的体验，则必以"林泉之心"作为其心理前提。这种"闲逸"的审美心态对于艺术创作来说，可以使创作主体在面对普通的日常事物时进入感兴状态，以一种浓厚的审美兴趣来观照生活，从而使再平凡不过的景物或生活场景闪烁着美的光辉。

　　郭熙的这些绘画理论既有内在的逻辑结构，又有丰富的理论内容，涉及审美功能论、审美体验论、审美心态论、审美境界论等，不仅彰显了郭熙的绘画美学风貌，也构成了中国古代绘画美学史中较为系统和完整的理论体系。

第四节　黄休复：逸格是最高的艺术层次

在书法与绘画艺术中，人们通常会根据不同的标准而将艺术家分成不同的等级，也就是分成不同的"品"。最早将书法分"品"的是南朝梁代的书法理论家庾肩吾，他将书法分为九品。最早将绘画分"品"的是南朝齐梁时期的画家谢赫，他将绘画分为六品。到了唐代，书画家李嗣真在庾肩吾的九品之上，加了一个"逸品"。这是"逸品"第一次出现，并被推到了最高的地位，但唐代学者对"逸品"并没有做很深入的解释。唐代书法理论家张怀瓘将书法分为"神""妙""能"三品，后人也多在此基础上进行增加或删减。

到了北宋，书画鉴赏家、画家黄休复在他编撰的《益州名画录》中将画分为"逸""神""妙""能"四格，并将"逸格"列在其他三格之上。"格"作为标准的意思，与"品"是相同的。黄休复对"四格"分别做了说明，他指出，"能格"的地位最低，是指画家对山川、鸟兽等自然景物的特点观察得很仔细、很到位，并由此创造出了生动的形象。"妙格"在"能格"之上，"妙格"是指超出有限的物象，把握了事物中的"道"，表现出了宇宙的本体和生命。"神格"又在"妙格"之上，指画家把握了所画之物的内在神韵，创造的意象无论在外在形象方面还是在内在精神方面都高度符合所画的对象，达到神化的境界。"逸格"在"神格"之上，属于最高的层次，它与"妙格"的联系很密切，但是内涵又有不同。

"逸"本来是指一种生活状态和精神境界。道家崇尚自然无为，他们所主张的超脱世俗的精神就可以说是"逸"的精神。先秦时期将避世的隐者称为"逸民"。这种超脱世俗的"逸"的精神渗透到艺术中，就出现了"逸品"和"逸格"。"逸品"往往包含艺术家对于人生和历史的领悟，也就是要表现艺术家的主观情趣。"逸格"与"神格"的主要不同就表现在这一方面。"神格"主张传神，还是要求作品要表现客观事物中的神韵，仍然是将客观真实性摆在第一位的。而"逸格"是强调作品要表现超然于俗世的精神，是将主观情趣摆在第一位的。

"逸格"除了要求表现这一主观情趣之外，还有以下几个特点。

第一，"逸格"是强调创造性的。作画不仅要求外形与所画之物相似，画得逼真，做到"形似"，还要求将所画之物的精神内涵表现出来，做到"神似"。做到"形似"并不一定就能达到"神似"，而且有时为了要突出精神，还会将外形中的某一部分进行夸张处理，这样就做不到绝对的形似。因此，绘画需要一定的创造性。"逸格"更是如此，画家需要发挥自己的创造性，才能很好地将"逸"的精神表现出来。

第二，"逸格"还要求作品要平淡、简洁。崇尚平淡在宋代是一种审美风气，要求将作品丰富的意趣蕴含在对客观事物的自然描绘之中，笔墨要简洁、明朗。这也可以在道家思想中追溯其精神根源。"道家"的生活态度是崇尚自然，反对世俗中烦琐的礼教，"逸"源自道家精神也就必然要求平淡、简洁。

黄休复对"逸格"这一审美范畴的阐释是对宋代绘画美学品格的高度总结。对于"逸格"的重视，也反映了唐末以来绘画发展中的一个重大变化，文人画逐渐受到了文人士大夫的重视。

第五节　董逌："天机"与个性

董逌，字彦远，东平（今山东东平）人，北宋书画鉴赏家、藏书家。他博文多识，精于书画鉴赏考据，著有画论《广川画跋》，其中的美学思想丰富且深刻。

宋代理学的兴盛，在董逌的《广川画跋》中体现得很明显，董逌提出："观物者莫先穷理，理有在者，可以尽察，不必求于形似之间也。"意思是画家观看事物时，要去探讨研究事物中隐藏的自然规律，如果只是单纯地追求形似，就容易忽视了事物的规律，所以他对一味追求形似表示明确的反对，他认为形似只是绘画的基础。绘画论"理"是宋代画坛的重要特色，我们从苏轼等人的书画中都可以看到这种追求。

在此基础上，董逌提出了"天机"的概念，认为画家要以"天机"来作画。"天机"是指画家作画时创作出最佳作品的契机，是画家将情感与绘画对象完全融合，体会到了绘画对象的"物性"，这种融合是随机的、难以控制的，因此往往带有神秘感。以"天机"来作画的画家不会刻意追求"形似"，但是因为他们抓住了绘画对象的"物理"，所以能做到"神似"。董逌推崇以自然造化为追求的画家，因为"天机"这种人与物的完美融合是难以强求的，除了需要画家有天赋之外，还要求他们孜孜不倦地追求艺术。画家要亲近自然世界，注意观察和感受自然世界中的事物，达到"天人合一""物我融合"的境界，才能体会到客观物象中所蕴含的生命感。董逌的"天机"说上可追溯至庄子的思想，庄子的"解衣般礴"观点与此类似，它们都强调人与自然的一体化，即天人合一的境界。

另外，董逌还提出了绘画的个性化主张。他以牛举例，提出了"以牛观牛"的思想。董逌认为，从人的视角来看牛，牛的形象都差不多，但是以牛的视角来看牛，牛就是互不相同的。以人的视角来看牛，就会将牛作为动物来观看，得到的是牛的共性，而以牛的视角来观察牛，每一头牛的面孔都不相同，就能看出每一头牛的个性。这就要求画家在面对绘画对象时要用"以物观物"的方法来把握，用一种客观和细致的态度来观察，由此更能看出同类事物的差别、个性。这一点是十分深刻的，对人们在绘画过程中如何把握绘画对象起到了指导作用。从董逌的这种见解上，我们已经能看出近代"个性说"的萌芽。

董逌也十分注重艺术形象的典型化。典型化一方面指的是个性与共性的关系，他上面的个性说已经触及了这一点；另一方面指的是具体化与抽象化的关系。对此，他举出画马的例子来说明这个观点。他认为画马有"伎"（技）与"道"的区别。"伎"是指技巧，"道"即本原、本质。董逌认为，以技巧作画，通常只注意马的形体而不见马的精神，也就是只注意马的具体部位，而不能从整体上把握马的精神。而绘画时追求"道"，追求事物本身的规律和内在生命，就会舍弃具体而从整体和抽象上来观察体会，这样就能画出事物的整体形象和内在精神。这种情况看似忽略了具体的东西，但因为把握了整体，具体就已经融入整体之中了。因此董迫认为，只观察马具体的部位，是得不到马的形象的，只有舍弃具体，从整体上把握马，才能得到"全马"和真实的马。

董迫从哲学的高度来论述绘画创作实践，尤其是对观察事物和创作心理过程做了精辟的描述，对中国绘画美学贡献很大。

第六节 范温：美学中的"韵"

"韵"在现代汉语中有三方面含义，一是指和谐的声音；二是指韵母，即汉语字音中声母、声调以外的部分，这两个方面主要与物理上的声音有关；三是指情趣、风度，侧重精神方面。作为一个美学范畴，"韵"的谈论在魏晋南北朝已经开始了，如谢赫《古画品录》中的"气韵"，刘义庆《世说新语》中的"风韵"等，唐五代时期，荆浩、司空图也谈到"韵"，但到了宋代，"韵"的地位被抬到了很高的位置，诗论家们把它作为评价艺术作品的最高的审美标准。在这方面论述得最为详尽的是学者范温。钱锺书评价他是我国第一个以"韵"通论诗文书画的人。

范温，字元实，号潜斋，华阳（今四川双流）人，北宋词人秦观的女婿，北宋诗人、词人、书法家黄庭坚的学生，受黄庭坚的影响很深。著有《潜溪诗眼》，是宋代比较有影响的诗话之一，原书已经亡佚了，有佚文散见于后世典籍，其对于"韵"的论述就是出自这里。

范温总结了前代对于"韵"理解的不同侧重，他认为秦汉以前，"韵"的含义总与声音有关，即前文所说的现代汉语解释的前两个方面；从魏晋南北朝时期，人们才开始谈论与精神有关的"韵"；到了唐代，谈论"韵"的文章不是很多，还主要是在书画方面；及至宋代，在苏轼、黄庭坚这些有德行学问的前辈那里，"韵"被推到了一个至高无上的地位。可以说，范温对于"韵"的含义历代发展变化的论述是比较客观清楚的。

关于"韵"的含义，范温通过与南宋史学家王偁相互讨论的方式进行了论述。王偁总结了前人对"韵"的各种规定，主要分为四种："不俗"是"韵"；"潇洒"是"韵"；"生动传神"是"韵"；简单但又明理是"韵"。对于这四种规定，范温都进行了否定，范温认为，这四种规定虽然是值得肯定的审美性质，但还不是"韵"。接着，范温指出："有余意之谓韵。"也就是话虽然说完了，但是所表达的意思是值得回味的，余意无穷，这才能叫作"韵"，这是第一个层面。第二个层面，"韵"还需达到一种平淡简远的境界。在范温看来，"韵"不是一种单一的艺术风格，许多艺术风格都可以有"韵"，但须达到上述两个方面要求：有余意和平淡简远。不仅范温，宋代的苏轼、黄庭坚、梅尧臣、欧阳修等人的美学观中，也以此论"韵"评艺，如梅尧臣的"作诗无古今，唯造平淡难"，欧阳修的"古淡有真味"，苏轼"所贵乎枯澹者，谓其外枯而中膏，似澹而实美，渊明、子厚之流是也"等。范温概括了宋人将"韵"作为艺术评论等级最高标准的具体要求，也显示了宋人推崇"简淡"的美学品格。

以宋代词人晏殊的《浣溪沙》为例：

一曲新词酒一杯，去年天气旧亭台。夕阳西下几时回？无可奈何花落去，似曾相识燕归来。小园香径独徘徊。

词的大意为：作一首新词，喝一杯美酒，想起去年同样的时间，也是在这个亭台。天边西下的夕阳什么时候才又转回这里？花儿总要凋落，让人无可奈何，归来的燕子也似曾相识。我独自在这小路上徘徊。

这首词前半部分通过写对去年同样时间同样地点的情景回忆，以及西下的夕阳，表现出对往昔的思念。后半部分通过写凋落的花和归来的燕子，表现出对春天消逝和时间流去的伤感。词中虽然以"小园香径独徘徊"结尾，却留给人们无尽的回味，引发人们对时间和人生的思考。这便是"言有尽而意无穷"，充满"韵"。由此可见，他们对于"韵"的要求是含蓄，在平淡自然中蕴含着不尽的意蕴。

"韵"在古典美学中是一个十分重要的范畴，只有对"韵"有充分的理解，才能对宋代美学有较为准确而全面的把握。

第七节　范晞文：诗歌中的情景交融

宋代诗学注重对审美意象本身的分析，尤其是关于"情"与"景"关系的分析较为突出。宋代诗论家们强调，单有"情"或单有"景"，都不能塑造出感人的意象，也不能很好地表达感情。只有景中含情，情景交融，艺术作品才能有美感，并且感人。宋代关于"情"与"景"的论述，以范晞文的阐释较有代表性。

范晞文，字景文，浙江钱塘（今浙江杭州）人，南宋文学家，晚年著有《对床夜语》，这是一部诗话体著作，共五卷，大部分内容是对于诗歌的评论，范围涵盖从《诗经》到宋代的诗歌，尤其对杜甫诗歌评论较多。范晞文通过对这些诗歌的品评，阐明了他的诗学观。

范晞文在《对床夜语》中强调，诗歌意象中的"情""景"是不可分离的。比如杜甫的诗"感时花溅泪，恨别鸟惊心"就是情景交融的典型。而"白首多年疾，秋天昨夜凉"又属于一句情一句景，所以范晞文认为："景无情不发，情无景不生。"他分析了诗歌中"情"与"景"结合的不同方式，或上联写景，下联抒情；或上联抒情，下联写景；或一句景一句情；或情景交融，不可分离。但无论哪一种方式，诗中都是有景有情的。诗歌中只有景没有情，就像一个人只有躯体而没有灵魂；而诗歌中只有抒情，没有对景色的描写，也会使人读起来觉得空泛，不生动。因此，诗歌中需要情与景相交融。范晞文还认为，诗歌最难的是从头至尾，化景物为情思，诗人结尾一般会抒发自己的情感，但直接以抒情结尾就会使诗人过于外露而缺少含蓄的美感，如果以写景结尾，同时把自己的情感巧妙地藏于这种景物之中，含蓄而不外露，则是最高境界。他举例说："清秋望不极，迢遰起曾阴。远水兼天净，孤城隐雾深。叶稀风更落，山迥日初沈。独鹤归何晚，昏鸦已满林。"后六句虽然全是写景，但其中的情感想必每个读完诗的人都能够感受到，这就是寓情于景的高明写法。

以李煜的《虞美人》为例：

春花秋月何时了？往事知多少。小楼昨夜又东风，故国不堪回首月明中。雕栏玉砌应犹在，只是朱颜改。问君能有几多愁？恰似一江春水向东流。

这首词是南唐后主李煜所作，他也是著名的词人。他在南唐被灭，自己被俘之后作了这首词。上阕写故国不堪回首，下阕表达了自己的愁苦心情。最后一句用景来结尾，将情寓于景中，说自己的愁怨就像滚滚东去的江水一样，表现出了愁苦之长之深。

再如：

枯藤老树昏鸦，小桥流水人家，古道西风瘦马。夕阳西下，断肠人在天涯。

这是元代散曲作家马致远所创作的一首小令《天净沙·秋思》。枯萎的藤枝，苍老的古树，黄昏归巢的乌鸦。小桥、流水、冒着炊烟的人家；荒凉的古道、西风、瘦弱的马；还有一轮西下的落日。全曲没有任何情节的叙述，只有这些意象的罗列，这些意象共同组成了一幅秋天傍晚郊外的图画。"枯藤""老树""古道""西风"等，这些意象都给人一种秋天的萧瑟、凄凉之感。诗的最后，作者指出"断肠人在天涯"，将一个飘零天涯的游子放在这样一个悲凉的秋景之中，极大地表现出游子漂泊在外，思念故乡的哀愁心情。马致远年轻时热衷功名，但一直未能得志。他几乎一生都过着漂泊无定的生活，这首小令就是他在羁旅途中写下的。小令前四句都是写景色，但是景色中透露出作者漂泊在外的凄凉愁苦的感情，情寓于景中，达到了情景交融的境界。

南宋范晞文的情景交融的美学观点，指的是诗歌创作者达到一种物我两忘的境界，这其实与中国传统天人合一的哲学观紧密相关，情景合一其实是天人合一的哲学观在美学中的体现。后世的王夫之、王国维的美学中许多观点就是奠基于此。

第八节 严羽："兴趣"与"妙悟"

严羽，字丹丘，一字仪卿，自号沧浪逋客，世称严沧浪，邵武（今属福建）人，南宋诗论家、诗人。严羽一生没有做过官，大半时间隐居在家乡。他写过一些诗歌，但最重要的成就在于诗歌理论，著有《沧浪诗话》。《沧浪诗话》是宋代重要的诗歌美学专著，它分为诗辨、诗体、诗法、诗评、考证五部分，以第一部分"诗辨"为核心，对诗的性质、境界等做了深入论述。在《沧浪诗话》中，严羽论述了"兴趣"与"妙悟"，上承晚唐司空图，下启明清的性灵说，对诗坛有较大的影响。

"兴趣"可以说是《沧浪诗话》的中心范畴。在《沧浪诗话》中，严羽多次用到"兴趣""别趣""兴致"等词语，它们基本上是同一个概念，指的是一种自然天成的审美情趣，它无迹可求，浑然一体，又给人以韵味无穷的回味。严羽强调"兴趣"是有原因的。宋人作诗往往追求理趣，导致很多诗人多用典故，雕章琢句，为了表现诗中的理趣而有意去寻找和安排诗的意象，尤其是当时的江西诗派，讲究炼字炼句，从前代典故运用中别创新意的做法已经大大阻碍了当时诗歌的健康发展。严羽对此十分反对，他认为这破坏了诗中的"兴趣"。严羽认为诗歌作品是注重形象和情感的，它是由外界事物的形象触动了人的内心情感而自然创作的，并不是靠逻辑缜密的安排来写成的。因此，他竭力要求将形象思维与逻辑思维区分开来。严羽认为，雕琢词句、理论说教都不是审美情趣，没有审美情趣就不能产生审美意象。只有由自然界和社会中的客观事物来触发人心而产生的"兴趣"才是审美情趣，才能使诗产生恰当的意象，才能准确地表达意蕴而使诗具有美感。严羽所追求的"水中之月，镜中之象"般的朦胧的意境之美，他所强调的"言有尽而意无穷"，都是建立在"兴趣"的基础之上的，这同那种靠苦吟、靠反复锤炼而成的朦胧之美，例如晚唐一些诗人的作品，有着本质的不同。

既然严羽对作诗主张"兴趣"，反对逻辑思维，那么诗歌是不是就不能表现"理"呢？严羽认为"诗有词理意兴"，可见他并没有绝对排斥"理"。在他看来，"兴趣"和"理"是可以统一的，但是对于两者如何统一，他并没有具体说明。

在"兴趣说"的基础之上，严羽又提出了"妙悟"这一概念，即审美感兴，是指外物直接感发下产生审美情趣的心理过程。他说："大抵禅道惟在妙悟，诗道亦在妙悟。""悟"，多出现在佛教中的词语，严羽的文论观点中带有以禅来比喻诗的痕迹。佛教有"顿悟"和"渐悟"的说法。"顿悟"是指当下就领会到了佛法的要领；而"渐悟"是指渐渐地领会。"顿悟"和"渐悟"虽然方法不同，但都是"悟"。严羽的"妙悟"也强调"悟"，这种"悟"是一种在客观形象触发下的领会，是直接地领会，而不是靠逻辑思维来做到。因此严羽又说明，"妙悟"与一个人学识的高低没有直接和必然的联系，并不一定学问高的人才能做到"妙悟"，没有大学问的人也不一定不能够做到"妙悟"。这种见解是对当时江西诗派"以才学为诗"观点的直接批判。"妙悟"是内心对于外界事物的直接感知和体悟，如果一个人热爱生活，善于观察和思考，体会生活中的小事，也可以做到"妙悟"。例如《诗经》中的很多诗歌都是出自没有学问的平民之手。

严羽的"一味妙悟"突出的是感受，是兴趣，是情，他把孟浩然同韩愈进行对比是很有说服力的。后者学识渊博，按照江西诗派的理论，他的诗应该达到更高的水平。可是因为他主张"文以载道"，强调义理，他的诗反而不如学识平平、重情不重理的孟浩然。严羽的"妙悟说"的意义，还在于他解决了一个中国美学史上的重要问题。中国古代文学创作中历来存在着两类不同的情况：一种情况是援笔立成，文不加点，清水出芙蓉，天然去雕饰。就是说这类作家才思敏捷，感悟性强，在写作时能够很快进入创作状态，迅速完成创作，而且其作品没有斧凿痕迹，以清新自然取胜。另一种情况则以仔细推敲为特征，数日苦吟，难下一个字。这两种创作类型之间的差别，汉代人就已经有所察觉，经过无数文学家和理论家的体验、总结，愈来愈清楚。然而，用理论将其概括出来，并总结其间的规律，前人尚未认识到。严羽通过对诗歌发展历史的了解，明晰地概括出这两类作家的创作特点。在创作中，孟浩然靠的是妙悟，是他的艺术天分；韩愈靠的是学力，是知识。这里既关系到对艺术本质的了解，又关系到对作家素质的认识。

严羽的"兴趣说"把审美意象和审美感兴紧密联系起来考察，从审美感兴出发，对诗歌意象做了重要的规定；"妙悟说"把审美感兴和逻辑思维区分开来，强调审美感兴是构成艺术家创作的重要因素，从而对艺术家的审美创造力做了一个重要的规定。他的美学思想对后来的美学家，特别是对清初的王夫之和叶燮，有着重要的影响。

第九节　朱熹：存天理，灭人欲

朱熹，字元晦，号晦庵，世称晦庵先生、朱文公，祖籍徽州府婺源县（今江西婺源），出生于南剑州尤溪（今福建尤溪），南宋理学家、教育家、诗人。朱熹是北宋思想家程颢、程颐的三传弟子李侗的学生，并继承了他们的思想，是宋代理学的集大成者。

理学又称道学，以研究儒家经典的义理为宗旨，即所谓义理之学。朱熹的哲学体系以程颢兄弟的理本论为基础，并吸取周敦颐的太极图说、张载的气本论思想以及佛教、道教的思想而形成。这一体系的核心范畴是"理"，或称"道""太极"。朱熹哲学的总体观念是"理本气具"或"理本气末"观点。

在朱熹看来，每一个人和物都以抽象的"理"作为它存在的根据，"理"是事物的根本规律，它是属于观念性的，形而上的，是人们一切行为的标准，即"天理"。"气"是构成天地万物的物质基础，是形而下的，它从属于"理"。气与理同时存在，但理为根本，气为末节，"理气相依""理在气中"。从这可以看出，在朱熹的哲学观中存在着"理"本体论与"气"本体论的根本矛盾。这一哲学观的矛盾，一方面为后世王夫之"气"本体的唯物主义哲学和王阳明"心"本体的唯心主义哲学的二分奠定了基础，另一方面，也为他思想中诸多观点的矛盾奠定了基础，包括美学思想。尽管如此，朱熹美学中仍然有许多有价值的成分。首先是他对于"天理"和"人欲"关系的见解。

朱熹认为："天理存，则人欲亡；人欲胜，则天理灭。"他用一个形象的例子去讲什么是"天理"和"人欲"。人饿了要吃饭，渴了要喝水，这是维持生命的正常欲求，属于"天理"，但人们满足了维持生命的基本要求之外，却要追求美味，就是"人欲"了。我们知道在现实生活中，朱熹眼中的"人欲"其实包含很多审美因素，因此朱熹的这种观点其实是对审美的一种否定。但另一方面，作为一个文采极高的文学家，朱熹又多次提到了他对于审美的赞赏，如他认为曾点"浴乎沂，风乎舞雩，咏而归"中的审美心胸已经可以与天地万物同频共振，这种审美愉悦不是那些感性的耳目之娱所能比的。同时，作为一代文学大家，朱熹一生酷爱山水又雅爱文艺，他的《春日》《观书有感》等已成为脍炙人口的诗篇，他对李杜诗歌也有着极高的艺术鉴赏力。这只能说，他对于审美的感性层面和理性层面的取舍是有所不同的。

其次，朱熹的美学思想还集中在他的"文从道出"观点和对艺术的品评。朱熹批评了苏东坡"文与道俱"、周敦颐"文以载道"等观点，他认为这些观念都是把"文"与"道"看成不同的两个事物，而在他看来，这二者其实是统一的，即"道文一贯"。朱熹对于"道"的理解是等同于"理"的。他认为"道"与"文"是贯通在一起的，"文"从"道"中生出。他以一棵树为例，说"道"是树木的根本，"文"是树木的枝叶。"文"既然是从"道"中生出的，那么"文"也就是"道"，这实际上是提高了"文"的地位，将之抬高到与"道"等高的位置。如果拿艺术的内容去理解"道"，用艺术的形式去理解"文"，那么朱熹的观点是有道理的，他阐明了内容与形式紧密不可分的联系，是孔子以来"文质彬彬""文质一体"思想的一种继承。但如果把"文"的范围放大，看成文学艺术这种意识形态的话，"道"指的是朱熹说的宇宙天理，也是儒家的一种道德伦理，道德伦理与文学艺术无法构成一主一次的附属关系，二者是并列的。由此可见，朱熹美学很多地方也存在矛盾性。

作为理学家，朱熹十分重视文学作品中的义理，与此同时，他还十分重视文章中的"真味"，也就是文章应该具有真实的情感。朱熹十分推崇屈原的作品，认为屈原的文章中情感真挚而强烈，具有"真味"。作为儒者，他对美的看法也必然会带上儒家思想的色彩。他在诗文等作品的境界上特别看重"和气"与"浑厚"，就像《论语》中对《诗经·周南·关雎》的评价那样，"乐而不淫，哀而不伤"。也就是说，艺术作品的情感表达要有一定的度，要符合社会道德的标准。人们阅读了这样的文学作品之后，就会被其中的感情所感动，受到影响和教育。另外，在艺术格调方面，朱熹主张文学作品应该具有大的"气象",表现为令人震撼的场景等。他喜欢雄健有力的格调,但他也不排斥其他格调的作品。朱熹强调一种质朴自然、平淡有味的风格美,反对华丽纤巧,刻意造作。程颐曾说诗文应像"天工生出一枝花"的自然美,王安石以"看似寻常最奇崛,成如容易却艰辛"的质朴寻常美来称赞好诗,苏轼以"发纤秾于简古,寄至味于淡泊"来品评诗文,而朱熹在艺术风格上亦提倡平淡自然的美。这种情况从侧面也反映了整个宋代平淡天真的文风。

在艺术品评方面,朱熹强调"涵泳"。"涵泳",简单理解就是指深入体会,是古代人们对文学艺术鉴赏时的一种态度和方法。朱熹认为很多诗文中会用"兴"的艺术手法,例如《诗经》中的一首描述周王培养出很多人才的诗,诗开头先写了广阔无垠的银河是天空的花纹来作为起兴,引出后面对周王的描写和赞美。朱熹指出,诗歌中包含很多的意象,这些意象是一个活的整体,有自己内部的逻辑和血脉,彼此互相联系,共同表达诗文的意蕴。因此,人们在对诗文进行理解时,就要反复"涵泳",反复体会,把握意象的整体性,从而能体会诗歌所表现的意境和美感。

第六章 元代美学——美学的过渡期

元代疆域辽阔，中外文化交流频繁，在文化和美学上都是一个过渡的时代。在诗歌方面，元好问对诗歌"天然"和"清"的强调值得注意。在绘画方面，文人画在元代是一个高峰。在赵孟頫的提倡下，元四家，尤其是倪瓒，塑造了一个"逸"的形象，体现了汉民族的审美理想与精神表征。而戏曲和小说的繁荣，为明代通俗文学的发展奠定了基础。

第一节　元好问："天然"与"心画""心声"

元好问，字裕之，号遗山，太原秀容（今山西忻州）人，是由金入元的文学家、历史学家。他一生著述甚丰，今存诗歌作品一千余首，乐府词三百余首，各种体裁的散文、志怪小说也不在少数，他的诗词和诗论都代表了金元文学的最高成就。他的《论诗三十首》在中国文学批评史上颇有地位，他对诗品与人品等方面的探讨就出自《论诗三十首》。

"以诚为本"是元好问论诗的纲领和灵魂。他在《论诗三十首》中极力推崇陶渊明的真性情，推崇《敕勒歌》的天真、质朴，却对黄庭坚缺少古雅之气而大加批评。他遵循着儒家温柔敦厚的诗教风尚，注重诗歌的感发教育功能，重视现实万物对人感情的激发，认为文学作品是一种真实感情的流露、抒发。"以诚为本"强调了诗人的秉性与品质。元好问指出"由心而诚、由诚而言、由言而诗"是一个有机化合的过程，内心产生真情实感，真情实感需要语言表达，语言表达选择了诗的形式，三者合而为一，缺一不可。

在此基础上，元好问提出了"天然"这一概念，"天然"就是"自然"，是真实、清新而不造作。他崇尚自建安以来形成的慷慨雄放的诗风，并把它当作衡量诗歌艺术风格美的基本准则，如在《论诗》中，元好问就赞赏北朝民歌《敕勒歌》那种慷慨豪迈的诗风："慷慨歌谣绝不传，穹庐一曲本天然。中州万古英雄气，也到阴山敕勒川。"看得出，《敕勒歌》中那"天苍苍，野茫茫"的雄阔气象以及犷悍豪放的艺术风格，最为契合元好问的审美旨趣。元好问力倡清新天然的诗风，并把它当作评价诗歌艺术高下的标准，他非常崇尚那种"天然去雕饰"的美感的诗，除了称赞陶渊明的诗"一语天然万古新"，称赞《敕勒歌》"穹庐一曲本天然"外，还在《论诗》中称赞谢灵运《登池上楼》中名句"池塘生春草，园柳变鸣禽"，以"池塘春草谢家春，万古千秋五字新"赞之。的确，这些诗句妙就妙在从自然中偶得，诗人的审美感受新鲜、深细，而且诗情翻涌，任由其从胸中流出,不用典故,不费雕饰,却给人以平中见奇、隽永自然的艺术美感,达到了情景交融、物我合一的境界,无怪乎千百年来深受人们的喜爱与推崇。

元好问诗论的一个显著特点是从大处着眼,以评论内容为主,并重视作家的品德,这跟我们经常讲的"知人论世"类似。于此,他提出了"心画""心声"的概念。如《论诗三十首》中的第六首:"心画心声总失真,文章宁复见为人。高情千古《闲居赋》,争信安仁拜路尘。"

"心画"是指书法,古人认为书法能够表现作者的内心情感。"心声"是指文章,古人认为文章也是作者内心情感的表达。《闲居赋》是西晋文学家潘岳所作,潘岳字安仁,也是古书中常提到的"貌比潘安"的古代美男子。最后一句中的"安仁"就是指潘岳。元好问在这首诗中指出,文章、书法等有时不能真实地表现一个人的品性、为人,他举了潘岳作《闲居赋》的例子。《闲居赋》文中总结了潘岳为官的经历,表现出他对官场的厌倦和隐逸情怀。如果只看这一篇赋,根据"文如其人"的原则,会以为潘岳是一个淡泊名利、豁达高雅的人,但事实上并非如此。据《晋书·潘岳传》记载,潘岳性格浮躁,追逐利益,善于迎合权贵。而贾谧是当时有权势的人,潘岳经常与石崇一起,看到贾谧外出,就对着车子后面扬起的尘土下拜。后来潘岳因为仕途不顺而作了《闲居赋》,可见他在赋中表现的隐逸情怀和淡泊名利的思想,在一定程度上可以说是不真实的。

"文如其人""字如其人"等说法在一定程度上是正确的,但是有两个前提。首先,作者在创作作品时应该是真诚的,真诚地想要把自己真实的情感、思想表达出来,真诚地对待读者、作品和自己的内心,这样才能在文章和书画中表现出真实的自己。因此读者从作品中感受到的一切,包括作者的品性,才能是真实的。其次,还要求作者要有一定的技巧,因为不管情感,还是作者本身的性格、品质,都是复杂的、不容易说清楚的,这就需要作者懂得如何用真实而易于被人理解的方式来表现自己。

元好问对"心画""心声"的再认识,涉及文品与人品的关系问题。中国美学重人品文品的统一,这方面的言论甚多,其主旨是要求艺术家加强道德修养,以写出品格高尚的文章来。这自然是正确的,但如果将人品与文品的统一看成必然的,将文品与人品等同起来,那就有可能将这个只具相对真理性的命题导向荒谬。因为文品与人品既有联系的一面,也有各自独立的一面。这除了为文还需要有为文的技巧、为文的专业修养、天分之外,人的情感、思想外露也还有真实与不真实的区别。艺术批评的复杂性也就在这里，从人出发来衡文与从文出发来衡人应综合考虑。元好问的"心画""心声"论是对文品人品统一说的重要补充，值得重视。

第二节　赵孟頫：复古与文人画

赵孟頫，字子昂，号松雪道人，别号鸥波、水晶宫道人等，吴兴（今浙江湖州）人。宋宗室，宋亡后出仕元朝，生前"被遇五朝，官居一品，名满天下"，死后封魏国公，谥号文敏。赵孟頫博学多才，诗词、书法、绘画、音乐造诣都很深，尤其在书画方面最为突出。

在艺术理论上，赵孟頫提倡画"贵有古意，若无古意，虽工无益"，并把"古意"与士大夫画"不求形似"的主张结合起来，为元代文人画的勃兴奠定了理论基础。在技法上，他强调以书法的笔墨情趣作画和在纸上以水墨作画。在绘画上博采唐宋绘画之长，融会贯通，自成一格。

《鹊华秋色图》，现藏于台北故宫博物院，为赵孟頫传世最重要的作品之一，充分体现出他所提倡画有"古意""士气"的审美观念。关于此图，就不得不提及赵孟頫和周密的一段小故事。周密，字公谨，号草窗等，宋末元初的重要词人，能书画，精于鉴赏。周密原籍济南，后为吴兴（今浙江湖州）人，著有《云烟过眼录》等。周密一生未曾到过故乡济南，但文章常署名"齐人周密公谨父""历下周密"。他在《草窗韵语》中说："余世为齐人，居历山下，或居华不注之阳。"古人安土重迁，以游子、客居他乡为内心郁结的愁怀。周密的家族虽源于齐，然而他一生却与南方人无异。吴兴是他的第二家乡，南宋灭亡后，他退隐不出，埋头于艺术文学的研究工作。作为赵孟頫父亲的好友，周密长赵孟頫二十二岁。年轻的赵孟頫受诏仕元，在济南为官三年后，被召回北京参与修元世祖实录的工作，不久之后，即辞官回到江南故乡吴兴（今湖州）。赵孟頫的归来，缓和了这位花甲老人对故乡齐州的无限思念，赵孟頫为周密浓浓的思乡之情所感动，创作了《鹊华秋色

元　赵孟頫　鹊华秋色图　纸本设色　28.4cm×90.2cm　台北故宫博物院藏

　　图》，并题跋以记其事："公谨父，齐人也。余通守齐州，罢官来归，为公谨说齐之山川，独华不注最知名，见于《左氏》。而其状又峻峭特立，有足奇者，乃为作此图。其东则鹊山也。命之曰鹊华秋色云。元贞元年十有二月吴兴赵孟頫制。"题款以小楷体书成，行气井然，字迹工整，笔墨颇纤细。每笔都是小心翼翼，笔画分明，但贵能一气呵成。由于周密终生没有还乡的机会，故赵孟頫把鹊山和华不注山四周景色直接画出来，作为对其友描述故里风景的一种办法。此画呈现出一片怆郁的秋景，弥漫着一缕怀乡的愁绪。

　　《鹊华秋色图》是赵孟頫从董、巨画派中化出的一种典型风格，作于元贞元年（1295年），赵氏时年四十二岁，画面描绘的是济南郊外的华不注山和鹊山。华不注山用荷叶皴，主脉分明，形势峭拔，设石绿色，山顶微染石

第六章　元代美学——美学的过渡期

青；鹊山用披麻皴，山貌浑厚，凝重深静，设墨青色。两山间洲渚芦荻，杂木丛林，水村山舍，渔人黄羊，散散落落点缀其间，景象十分闲雅疏朗。树木有的作蟹爪，有的点红叶，点明了"秋色"的主题，与整个画面的情调相吻合。平远的构图中，横向的长线条将观者的视线向两侧与纵深延伸，给人以舒缓的视觉感受，犹如乐曲中的慢板，使人的精神非常轻松自在。此图用笔落墨，颇为沉着，笔路清晰，笔笔送到，具有沉郁的书法韵味，与他的归隐田园、隐逸山林的精神追求相契合，开黄公望、王蒙风格之先声。

赵孟頫对元代绘画美学的影响，还体现在他所提出的"书法入画"说。用书法的笔法入画这也是文人画的重要特点，相比于宋画，这也是一种新的画法。他在《秀石疏林图》中题诗："石如飞白木如籀，写竹还应八法通。

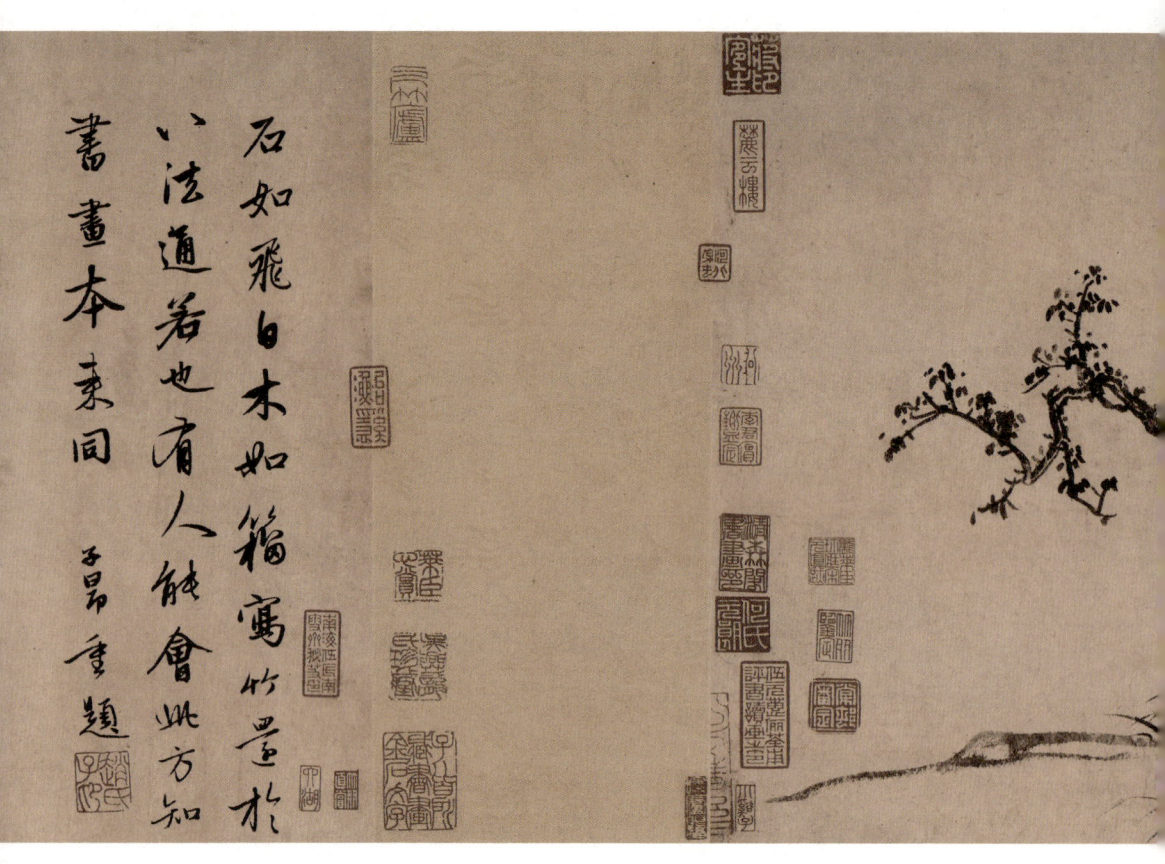

元　赵孟頫　秀石疏林图　纸本水墨　27.5cm×62.8cm　故宫博物院藏

若也有人能会此，方知书画本来同"，明确地提出"书画同源"的思想。书法和绘画虽然同用毛笔，但是书法和绘画两者之间也有很大的差异性。比方说书法虽以线条造型，但它不以再现客观物象为目的，它的审美功能主要是表现，即以抒写书法家自身的情感意趣为主。就它的这一功能而言，它近于音乐，而且它与音乐一样是高度抽象的艺术。它的审美意味又有些近似于诗，需要借助于想象在头脑中形成一种审美意象。而绘画是具体形象的再现，往往带有一定的叙事性。赵孟頫强调用书法的笔法去作画，意图在于吸取书法艺术的音乐性、文学性、哲理性，让侧重于再现的绘画艺术获得更多的表现意味、文学情趣和哲理情思。中国绘画由于吸取了书法的营养，实现了它的变革，成为一种侧重于抽象的、写意的、主观的艺术。

第三节 倪瓒：聊以写胸中逸气

作为对内在生命意识的觉悟，倪瓒特别强调绘画的写意精神。写意精神是元代文人的精神，倪瓒在这方面的理解比其他人更加深刻，也更加纯粹。

倪瓒，初名倪珽，字泰宇，别字元镇，号云林，别号很多，晚年画中经常自署"懒瓒"，后人多称其为"倪迂"。江苏无锡人，元末明初画家、诗人。倪瓒是站在内在生命意义与自然坦诚的高度，即所谓"逸"的品位来认识写意精神的。以下这两段是他被后人反复引用的话，最能表明这一点。

以中每爱余画竹。余之竹聊以写胸中逸气耳，岂复较其似与非，叶之繁与疏，枝之斜与直哉！（《清阁全集·跋画竹》）

仆之所谓画者，不过逸笔草草，不求形似，聊以自娱耳。（《清阁全集·答张藻仲书》）

"逸"就是超脱，就是向道体归附；也就是说，人的内在生命意识与社会现实发生抵牾并受到威胁时，在精神世界中拓展并梳理出一个永恒的秩序，使骚动的灵魂得以宁静下来。当这个秩序世界转换为艺术形象时，倪瓒找到了最理想的图式，这就是他的"三段式"山水模式。针对倪瓒的画品，恽寿平在《南田画跋》中曾讲道："元人幽亭秀木，自在化工之外，一种灵气。惟其品若天际冥鸿，故出笔便如哀弦急管，声情并集，非大地快乐场中可得而拟议者也。"这句话可以说揭示了元人绘画的真谛，也展示了只有真诚的艺术家才能达到的既悲壮又绚烂的生命境界。

与黄公望、吴镇、王蒙不同，倪瓒的山水画删尽繁缛，唯取清纯。他不画重峦叠嶂，不画云蒸霞蔚，也不画奇峰怪树，而是将景观物象进行高度的概括和净化，最后只剩下简之又简、无法再简的"三段式"的艺术构成：近景平坡上数株枝叶疏落的林木、一座空空荡荡的茅亭；远景一抹平缓缥缈的沙渚岫影；中景大片空白，便是辽阔平静的湖水。画中不见禽鸟，不见舟楫，也不见人迹。静谧、空旷、萧瑟、荒寒的景致和气氛，蕴含着一种"大音希声，大象无形"的意蕴。黄、吴、王的构图多有变化，而倪瓒却将这种空寂洁净的图式，翻来覆去地一画再画，这并不是他穷于"艺术上的变化"，而是他在审美理想上寻找到了一个最满意的模式，在其"不变"中蕴含了无穷的变化和意蕴。如恽寿平《南田画跋》所言："云林画天真淡简，一木一石，自有千岩万壑之趣。今人遂以一木一石求云林，几失云林矣。"

《渔庄秋霁图》，作于至正十五年（1355年），倪瓒时年五十五岁。近景画平坡高树，枝叶萧疏；远方画峦头岫影。在构图上将远景提得很高，更显出湖面的空旷浩渺。笔法轻柔，似嫩而苍，较之晚年的一意平淡稍有不同。笔法用折带皴，间用拖笔，枯渴中见腴润。题识书于中景湖面上，于是将近景与远景连成一体，并使诗、书、画结合起来，从而使本来略显虚疏的布局变得紧凑。通过题款也看到倪瓒晚年的心境仍未彻底平静下来，对人生的感慨愤激之情仍旧在他的心灵深处涌动。

倪瓒除画山水外，兼擅墨竹，他画竹一般多作细竿，叶长而密。竹子常作为"君子"操守的象征，他对于竹的内在神韵的准确把握，传达出了一种孤高的情致。《梧竹秀石图》则为他竹石画的变体，笔法雄阔，墨气淋漓，不见勾勒痕迹，整个画面显得秀润淡雅，亲切动人。

郑元祐《题元镇画》诗云：

倪郎作画如斫冰，浊以净之而独清。
溪寒沙瘦既无滓，石剥树皴能有情。
珊瑚忽从铁网出，瑶草乃向斋房生。
譬则饮酒不求醉，政自与物无亏成。

用冰、净、清、寒、瘦、情六个字形容倪瓒的逸品画格，是十分合适的。倪瓒的绘画，尤其是他的山水画，在明清画坛上的影响是巨大的，以至当时江南士大夫以家中有无倪画分清浊。清代方薰在《山静居画论》中曾将倪瓒的画比之褚遂良的字和陶渊明的诗，称其画"洗空凡格，独运天倪，不假造作而成者"，又说："读老迂诗画，令人无处着笔墨，觉矜才使气一辈，未免有惭色。"

明清两代学倪瓒画的人很多，但多不能得其精髓。沈周多次试验倪瓒的画法，都以用笔过湿过重而告败；董其昌说他从小学倪瓒，至老也没有真正得其"无心凑泊处"；恽寿平对倪瓒的幽淡之笔，做过长久的研习，但也自认未能得其真谛。明清以来，师学者只有弘仁的成就较为突出。

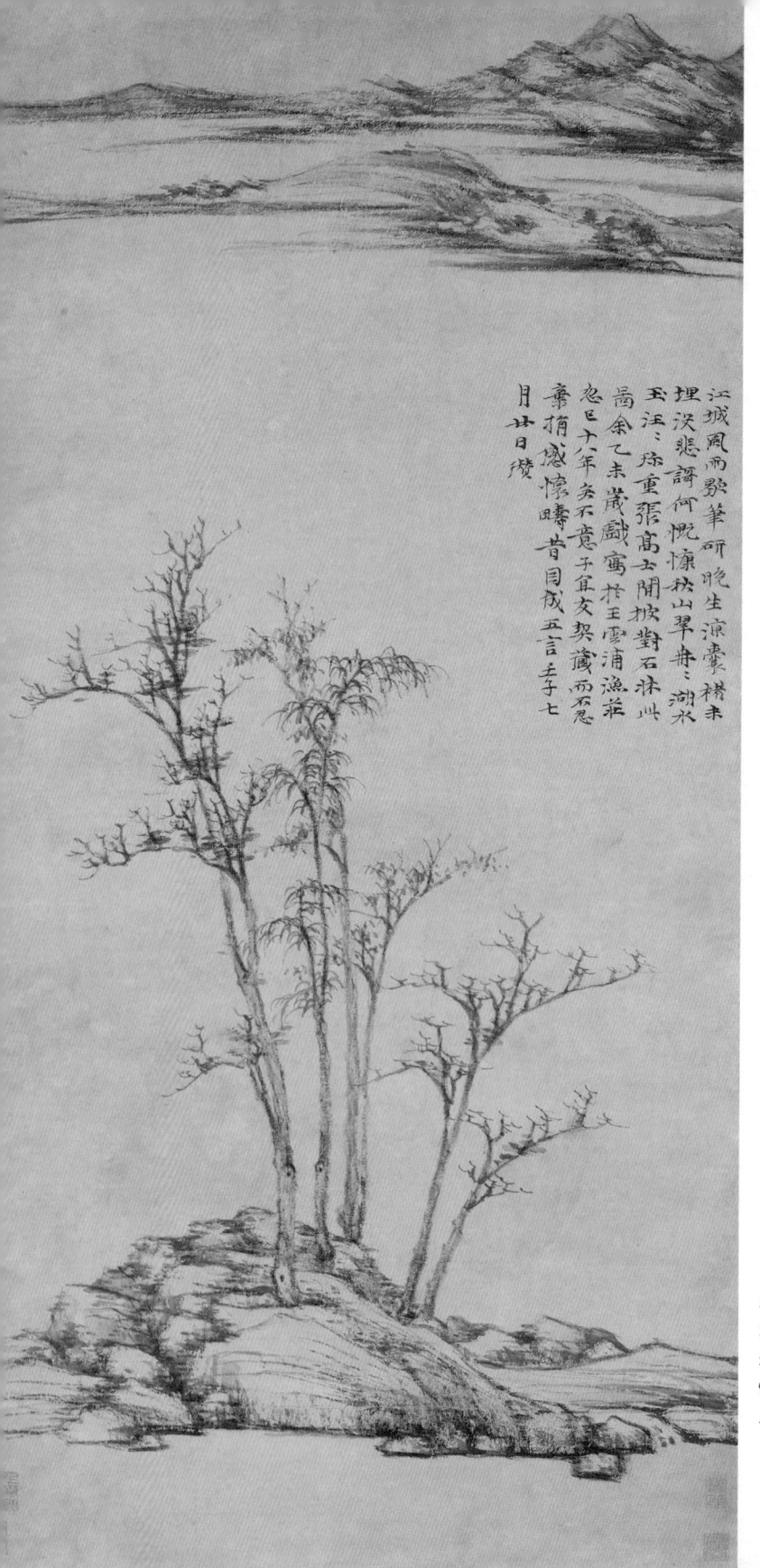

江城風雨歇筆研晚生涯宴襟來
埋汰悲謳何慨愴秋山翠冉冉湖水
玉汪汪珉重張高士閒披對石床此
爲己未歲戲寫悟竹雲浦漁莊
忽已十八年矣不意子宜友契藏而石思
章拘感懷睹昔因成五言壬子七
月廿日瓚

元　倪瓚
漁莊秋霽圖
紙本水墨
96.1cm×46.1cm
上海博物館藏

元　倪瓚
梧竹秀石图
纸本水墨
96cm×36.5cm
故宫博物院藏

第七章 明代——为艺术而艺术的美学

明代中后期出现了资本主义萌芽，城市市民阶层日益壮大，受市民欢迎的小说、戏曲等俗文学大为发展。在思想领域占统治地位的是王阳明的心学，心学主张"心外无物"，将人心提到了极高的位置。在这一思想的影响下，明朝出现了一股重视真情、张扬个性的美学思潮。李贽的童心说、汤显祖的唯情说、公安派的性灵说等一系列具有思想解放性质的学说相继出现。明代戏曲、小说得到了前所未有的发展，四大名著中的《水浒传》《三国演义》《西游记》都是在这一时期完成的。明代小说、戏曲点评家叶昼对小说创作的真实性、典型人物的塑造等问题进行了研究。在明代，园林美学开始凸显出来，出现了计成《园冶》这一园林美学专著，丰富了中国古典美学理论。

第七章　明代——为艺术而艺术的美学

第一节　王廷相：元气论与诗歌意象

王廷相，字子衡，号平厓、浚川，别号河滨丈人，仪封（今河南兰考）人，明代文学家、哲学家、政治家。他进士及第入翰林院，后遭贬谪，为官生涯一波三折。在文学上，王廷相工于古文诗赋，其诗文尚摹拟，提倡复古，与李梦阳、何景明等并称"前七子"。

王廷相是一位唯物主义哲学家，他在自然科学的基础上构筑了一个以元气为宇宙之本的哲学体系。王廷相提出"元气是造化之本"，宇宙万物都产生在"气"的物质基础上。"气"有虚与实两种形态：聚而为万物，散而为太虚，即万物是有形之气，太虚为无形之气，气乃长存，无生无灭，无形无象，无始无终。以此为基点，他否定了佛道两家"有"生于"空"和"无"之说，反对程朱理学"理在气先"的观点，并对明代各种世俗迷信大加批判，成为当时著名的无神论者。

除了哲学家的身份，王廷相一生创作了大量的诗歌，而且在诗歌创作手法上也有自己的见解，尤其是他提出"诗贵意象透莹"的观点，是意象论的倡导者。他说："夫诗贵意象透莹，不喜事实黏著，古谓水中之月，镜中之影，可以目睹，难以实求是也。……言征实则寡余味也，情直致而难动物也，故示以意象，使人思而咀之，感而契之，邈哉深矣，此诗之大致也。"意思是，诗歌创作如果平铺直叙，读起来就会索然无味，作诗应该要有意象，这是一种源于生活又高于生活的艺术虚构，意象可以使作品耐人寻味，使人产生同感和遐想。

王廷相在美学上的贡献在于他明确地把审美意象规定为诗的本体，同时也对意象的特点做了说明。他认为，诗歌重要的是意象的美好，而不是着重表现事实。就像水中的月亮、镜中的影子一样，不是绝对真实的记录，而是包含着朦胧、含蓄的感觉，具有无限的韵味。他以《诗经》和《离骚》为例，说明诗歌不同于史书，不能只叙述事实，但诗歌也不同于情意的直白表现。只叙述事实，则没有余韵，只表达情感，又很难感动人。因此，诗歌之所以动人，有"余味"，是在于审美意象的创造，审美意象是诗歌的本体。由此也可看出，王廷相关于审美意象中虚实结合艺术手法的提倡，离不开他哲学观中关于元气论的虚实结合的观念基础。

王廷相认为，要创造情景交融的图画式的"意象"，体现诗歌形象思维的特征，必须在四个方面下功夫："揩手施斤以法而入者，有四务""何谓四务？运意、定格、结篇、练句也。意者，诗之神气。"即创造意象的过程，也就是运意、定格、结篇、练句的过程。此外，王廷相进一步指出，要真正精于"四务"以创造"意象"，并不是一件容易的事，而是长期实践和努力学习的结果。为此，他对诗人提出"三会"的严格要求："何谓三会？博学以养才，广著以养气，经事以养道也：才不赡则寡陋而无文，气不充则思短而不属，事不历则理舛而犯义。三者所以弥纶四务之本也。要之，名家大成，罔不具此。然非一蹴可至也，力之久而后得者也。"可见，王廷相把他的意象说建立在他的唯物主义认识论基础之上。创造意象虽是诗人主观构思的结果，但是诗人如果"才不赡则寡陋而无文，气不充则思短而不属，事不历则理舛而犯义"，是创造不出诗的"意象"的。所以，"意象"的创造与作家的"博学""广著""经事"（即长期地在实践中观察、学习、体验生活）有着血肉的联系。

明代文学家杨慎也对诗歌意象提出了自己的观点，与王廷相有相似之处。杨慎反对将"诗"写成"史"，认为"诗"不可以兼"史"的性质。他反对在诗中直接论述"时事"，也反对在诗中直接说道德性情，主张诗的意思要蕴含在语言之中，让人们自己去体悟。例如《诗经·采薇》中末段是这样写的："昔我往矣，杨柳依依。今我来思，雨雪霏霏。行道迟迟，载渴载饥。我心伤悲，莫知我哀！"意思是说，我去（服役）的时候，杨柳轻柔摇曳，回来的时候，已经大雪纷飞了，道路难行，又饥又渴，我心里的无限伤悲没有人知道。"杨柳依依"和"雨雪霏霏"都具有象征性的作用，象征着春天与冬天，表现了时间的漫长。诗人并没有以具体的、准确的日期来表达，而是用了典型的诗歌意象，这不仅表现出了时间概念，还形象生动，具有美感，体现了王廷相、杨慎对诗歌意象的要求。

关于诗歌意象的论述，明代文学理论家陆时雍的观点也值得我们注意。陆时雍关于诗歌意象的论述集中于他的《诗镜总论》中，他指出，诗歌意象是"情"与"景"的统一，情中有景，景外含情。诗中有情的表达，且含蓄委婉，就会产生无限深远的意蕴；诗中有景的描绘，且真实适度，就会使诗歌具有真实性，生动形象。"情"和"景"都贵在真，但又不能完全是真实的，不脱离实际，而又具有意蕴，就是美的意象。另外，诗歌意象的创造应该是在事物和情景的感发下进行，如果离开眼前具体的景，去寻找和创造诗的"意"，写出的诗就没有韵味，难以动人。

王廷相的元气论成为明代唯物主义哲学史上的一道亮丽风景。他和陆时雍等关于诗歌意象的观点是对之前美学史上的意象讨论的总结，也在前代基础上提出了具体的操作指导，深化了明代美学理论，他们的观点对清代美学家构筑总结性的美学体系有很大启发。

第二节　王阳明：心学与美学

心学是理学的一种，理学是宋元明时期的一种哲学思潮，又称道学，它在广义上包括讨论天道、理气、心性问题的整个哲学思潮；在狭义上专指以程颢、程颐、朱熹为代表的，以"理"为最高范畴的学说。宋代时，理学经过发展产生了分化，分成了以朱熹为代表的一派和以陆九渊为代表的一派。朱熹一派认为"理"是世界的本原，陆九渊一派认为"心"就是"理"，世间万事万物都是由心生发的。在宋代，朱熹一派占主导地位；到了明代，王阳明继承了陆九渊的心学理论，并首先提出"心学"一词，使心学成为明代的思想主流。心学的出现，标志着中国长达数百年的宋明理学的终结。它使儒与佛、道达到了最高水平的融会，对中国明清新思想的产生起到启蒙作用。阳明心学虽然没有直接谈论美学问题，但它的内在精神通向美学。

王阳明，原名王守仁，"阳明"是他的号，浙江绍兴府余姚县（今浙江余姚）人，明代著名的思想家、文学家、哲学家。王守仁是心学的集大成者。其学以"心"为宗，他以"心"为宇宙本体，提出"心即理"的命题，断言"心外无物，心外无事，心外无理"。他倡言知行合一说，后专主致良知说，认为"良知"即"天理"，强调从内心去体察天理。

王阳明心学的产生最初也是受到了朱熹的影响。在他十八岁的时候，回余姚路过广信，王阳明拜谒了当时著名的理学家娄谅，娄谅向他讲授了朱熹"格物致知"的学说。之后王阳明读遍了朱熹的著作，为了实践"格物致知"，从事物中探究原理和知识，有一次他下决心要"格竹来穷竹之理"，但是他观察了七天七夜，仍然什么都没有发现，还因此病倒了。从此，他对朱熹的格物致知学说产生了怀疑。

"心外无物"是阳明心学的基本观点之一。王阳明认为，世界上的一切都是"心"的产物，"心"是万事万物的根本，"心"之外没有事物和道理。王阳明认为，天地万物与人原是一体的，在最开始分开时，最精细重要的一点在人心的"一点灵明"，人就凭借着这一点灵明将天地万物都联通起来，因此没有人心也就没有天地万物。王阳明举例说，没有人心去仰望天之高，天也就没有高低之分，也就没有高这个价值；没有人心去俯瞰地之深，地也就没有深浅之分，也就没有深这个价值；同样，如果人心不去信仰鬼神，也不会认为鬼神有辨吉凶的价值，就没有人去乞求鬼神，鬼神也就不存在了。的确，自然事物的价值是相对于人而言的，如果没有人的评判和利用，自然事物的价值就不会被注意并发挥出来。但是需要注意的是，现在人们已经知道，没有人心的注意，自然事物还是客观存在的，并不是绝对的"无"。

王阳明的心学建立在自然人性论的基础上，尤其是良知理论。"良知"一词来源于孟子："人之所不学而能者，其良能也；所不虑而知者，其良知也。"（《孟子·尽心章句上》）孟子认为，人不经过学习就能做到的，是良能，不用思考就能知道的，是良知，指仁、义、礼、智这一类先天具有的向善的本性。显然孟子的"良知"有着明显的道德性界定。到了王阳明这里，他已经把"良知"的含义进一步丰富了，他说："性无不善，故知无不良。良知即未发之中，即廓然大公、寂然不动之本体，人人之所同具者也。但不能不昏蔽于物欲，故须学以去其昏蔽。"（《传习录·答陆原静书》）意思是，本性没有不仁善，所以知觉没有不优良。良知就是没有发动的中正，就是寥廓空旷极大公正、寂静安然没有发动的根本主体，人人共同具有。但人们容易昏乱蒙蔽于物质欲望，所以必须通过学习，来去除自己的昏乱蒙蔽。王阳明肯定了良知作为人人具有的永恒性和普遍性，由此王阳明才说"个个心中有仲尼""满街都是圣人"。但"满街都是圣人"是就良知本体而言，是潜在的圣人而非现实的圣人，由潜在的圣人转化为现实的圣人还需要一个重要的环节，即良知的能动性，这种良知结构本身就包含着它有自我实现的冲动。这正是心学与理学的区别所在。心学结构本身包含着道德层面的理性规定与心灵情感层面的感性特质，也就是"理"与"情"的二重性。心学更强调人要发挥自己的主观能动性，打破传统因素的束缚。

王阳明的美学思想在一个小故事中也有所体现。王阳明与一位友人游玩，友人指着岩石间的花树问，人心之外没有事物，那么这些花树在深山之中自开自落，与人心有什么关系呢？王阳明回答，人没有看到这些花树时，这些花树并没有显现出来，只有当人看到它们时，这些花树才显出色彩，在人心中显现出来。也就是说，人没有看到花时，花无所谓美，因为这时的花并不是人的审美对象。而花被人欣赏时，是有价值的，人将自己的情感赋予花中，就能体会到花的美。由此可知，体会到事物的美需要两个条件：一是事物本身具有美，二是人心感受到美。没有事物，人心根本没有欣赏的对象，因此事物是客观的物质基础。但是，有客观事物而没有人心的感知，也不会有美感的产生，因此人心是决定因素。

王阳明的心学美学根基中的良知说，为明代后期颇为盛行的自然人性说奠定了理论基础。李贽的童心说、公安三袁的性灵说、徐渭的真我说、汤显祖的唯情说均建立在这一基础之上。

第三节　徐渭：抒发性情的真我说

明代文学家李开先说："古来抱大才者，若不乘时柄用，非以乐事系其心，往往发狂病死。"用此话来形容徐渭，颇为恰当。

徐渭，字文长，号天池，又号青藤，山阴（今浙江绍兴）人，明代书画家、文学家、戏曲家。徐渭家境贫寒，一生坎坷，终身不得志于功名。他颇有军事指挥才能，曾担任浙直总督胡宗宪幕僚，被胡宗宪案牵连下狱后，徐渭在忧惧发狂之下精神失常。晚年靠卖画为生，生活凄惨。徐渭生性狂放，性格恣肆，但无论在书画、诗文还是戏曲等方面，均大获成功。

徐渭为人为文崇尚"真我"，艺术上表现出鲜明强烈的个性。他在诗文中肯定作为个体的人，即"真我"的存在。一般来说，把"真我"作为观察和思考问题的切入点，这与把"人"作为观察和思考问题的切入点是不一样的。"真我"与"人"都是主体，但属于两种不同的主体。"真我"属于个体主体，而"人"则是群体主体。两种主体在审美活动中都很重要，但个体主体似乎更重要，因为审美活动都是以个体为本位展开的。面对同一审美对象，不同的审美个体往往会做出不同的审美评价，这是因为个体的主体性发挥着特殊的作用。比方说，徐渭在《牡丹赋》中谈到审美思想。牡丹花朵硕大、鲜艳，在中国有富贵的象征寓意。友人滕仲敬种植牡丹担心这种富贵的浊气有损于自己的品格，徐渭却不这样认为。

徐渭把人与物区分开来，物之浓淡与人之清浊没有关系，难道因为牡丹花色彩浓艳，种牡丹者就必为浊人吗？所以"主"与"客"不能混为一谈。"客"是无法伤害"主"之清白的。一般人将牡丹视为"美妇"，而儒雅的滕仲敬又何尝不可以将牡丹看作佩玉的君子呢？因此，徐渭强调审美活动中"真我"的主体作用。徐渭的真我说运用到艺术美的创造，表现为重真——重真情、重个性、重本色。重真，这是对文艺作品的要求，他认为过分的人工修饰只会掩盖甚至歪曲事物的本来面目。

解决为文"真"的问题，关键在创作者要有真情，是为情作诗，而非为诗设情，非为当诗人而作诗，而是为抒发真情实感而作诗。徐渭指出艺术创作的两条不同道路，一条是以情为诗之本，从情出发，因情而写诗，其目的不在做诗人而在诗，这叫作"有诗而无诗人"。另一条道路是"本无是情"，设情而写诗，目的是"干诗之名"，获取诗人桂冠。徐渭将这种创作路数叫作"有诗人而无诗"。徐渭主张要抒发真性情，如果"袭诗之格而剿其华词"，徒具诗的空壳，而无诗的生命，这样的诗人也只能是假诗人。从这里我们可以看到，徐渭的真我说显然是受到了王阳明心学的影响。

徐渭鲜明地指出，诗主情，而且主真情。他看重艺术个性，反对一味模仿古人。在这种美学思想的影响下，他的绘画也强调"工而入逸"，并以狂草入画，讲究蓄势，落笔成形。待有灵感喷薄而出，便中侧锋并用，涂抹起来如疾风骤雨，笔势惊人。他有题画诗云："一斗醉来将落日，胸中奇突有千尺。急索吴笺何太忙，兔起鹘落迟不得。"说的正是灵感到来时主体的

"迷狂"状态。这种"迷狂"也需要借助狂草才得以抒发。他擅长狂草,自言自己的画也是"张颠狂草书"。中国画史上真正以狂草入画达到很高艺术成就的,首推徐渭。在他之前,陈淳的写意花鸟画曾独步一时。徐渭对陈淳画中的书意很是看重。他说:"陈道复花卉豪一世,草书飞动似之。"徐渭画中的书意比陈淳更狂放,他敢于"破除诸相",因而在运笔上更自由,书与画的结合更紧密。

在传统诗画中,牡丹的图像意义被定格在花开富贵上。其中,工整富丽的北宋院体画最能反映牡丹这一图像意义。徐渭有题画牡丹诗云:

腻粉轻黄不用匀,淡烟笼墨弄青春。
从来国色无妆点,空染胭脂媚俗人。
(《徐渭集·水墨牡丹》)

徐渭有意让牡丹洗尽铅华,露出高洁的本性。他笔下的牡丹负载了他沉重的人生悲欢,几乎就是他现实自我的化身。命运对他的打击是沉重的,他恨极、愤极、悲极,就是无法真正释怀。一旦心中的身世之感外化为图像,便作异象;外化为语言,便作奇声。他有题画诗云:

明 徐渭
水墨牡丹图
纸本水墨
109.2cm×33cm
故宫博物院藏

明　徐渭　杂花图卷　纸本水墨局部　1053.5cm×30cm　南京博物院藏

五十八年贫贱身，何曾妄念洛阳春？
不然岂少胭脂在，富贵花将墨写神。
毫端紫兔百花开，万事惟凭酒一杯。
茅屋半间无得住，牡丹犹自起楼台。（《徐渭集·牡丹二首》）

徐渭为何偏偏要"墨作花王影"？他要借此来表达因时运不济、富贵与己无缘的感伤。"何曾妄念洛阳春"，当真不妄念富贵？只是不敢念起而已，一旦念起，心神摧伤。徐渭笔下的牡丹图像饱含现实人生的血泪，墨牡丹是徐渭真实命运的写照，也是真我说的艺术呈现。

葡萄原产于西域，汉武帝时张骞自西域带回内地。唐时葡萄种植广泛，基本上是用于酿酒。王翰有"葡萄美酒夜光杯，欲饮琵琶马上催"的名句。徐渭之前，葡萄作为图案曾出现在各类壁画中，但以葡萄入画的文人画并不常见。徐渭爱种葡萄，也爱画葡萄，利用这一文人画不太常用的图像来抒写

第七章　明代——为艺术而艺术的美学

怀抱。他用水墨来表现整个葡萄架处于逆光中的影像，葡叶重叠，浑然中有浓淡层次，老干嫩枝穿插连横，气势相当磅礴。在枝叶间的串串葡萄晶莹明润，惹人珍爱。徐渭赋予这一平凡之物以"明珠暗埋"的图像意义。他有题画诗云：

半生落魄已成翁，独立书斋啸晚风。
笔底明珠无处卖，闲抛闲掷野藤中。

徐渭负才自傲，用世之心又极强，自认为此生未尽其才。在他的题画诗中，可见"无处卖""闲抛闲掷""世事模糊""无人管""壁上悬"等牢骚语。他用葡萄喻其才，又将葡萄看成比和氏璧更加珍贵的明珠、美玉，显然是为表达自家爱惜之意。在徐渭看来，葡萄象征着他怀才不遇、明珠闲抛的才子形象。

公安派的主将袁宏道对徐渭的诗有一段精彩的评述："文长既已不得志于有司，遂乃放浪曲蘖，恣情山水……其所见山奔海立，沙起云行，风鸣树偃，幽谷大都，人物鱼鸟，一切可惊可愕之状，一一皆达之于诗。其胸中又有勃然不可磨灭之气，英雄失路、托足无门之悲，故其为诗，如嗔如笑，如水鸣峡，如种出土，如寡妇之夜哭，羁人之寒起。当其放意，平畴千里；偶尔幽峭，鬼语秋坟。"当我们结合徐渭的真我说来品味他的诗、画、书时，能更深切地领会到画家埋藏心中的郁闷、隐衷和痛苦，还有他那不与世俗同流合污的高洁人格，从而获得强烈的心灵震撼。

第四节　李贽：解放个性的童心说

如果说王阳明的心学已经开始了对程朱理学某些方面的批判，那么李贽的童心说则是对传统儒家思想赤裸裸的反叛，他反对人人效法孔子，反对理学要求"存天理，灭人欲"的思想。他的童心说对明代以来的独抒性灵的文艺思潮影响巨大。

李贽，原名林载贽，后改姓李，名贽，字宏甫，号卓吾，福建泉州人，明代思想家、文学家。他曾做官，后来弃官讲学。他倡导心学，认为每个人都有正常的生活欲望，有自己独立的价值。他强调真心，创作要"绝假还真"，反对当时风行的"摹古"文风，这一倾向亦对晚明文学产生了重要影响。他的学说带有鲜明的思想解放和人文主义色彩，著有《焚书》《续焚书》《藏书》等。

李贽在美学上的基本观点是童心说。李贽说："夫童心者，真心也。若以童心以为不可，是以真心为不可也。夫童心者，绝假纯真，最初一念之本心也。若失却童心，便失却真心；失却真心，便失却真人。人而非真，全不复有初矣。"（《焚书·童心说》）在李贽看来，童心实质上是真心，是人在最初未受外界任何干扰时一颗毫无造作、绝对真诚的本心。如果失掉童心，便是失掉真心；失去真心，也就失去了做一个真人的资格。而人一旦不以真诚为本，就永远丧失了本来应该具备的完整的人格。李贽以此批判那些说假话、写假文的襃衣危冠的道学家。李贽认为"天下之至文，未有不出于童心焉者也"，他称颂抒发真性情的六朝诗、《西厢记》等为"天下之至文"；从童心说出发，他提出了"自然之为美"的命题，深刻揭示了艺术的情感本质，阐发了与"假道学"相对立的自由抒发真情的创作论，强调要因乎人性之自然来表达、抒发真实的情感，而不要有丝毫的伪饰。在中国文学史上，不仅有那些童心未泯的文人所做的"天下之至文"，更有大量的不读书、不识字的民众所创作的歌唱他们生活与爱情的作品。在李贽生活的明朝万历年间，就出现了民间文学蓬勃兴起的局面，出现了大量优秀的民间情歌，"语意则直出肺肝，不加雕刻，俱男女相与之情……其情尤足以感人也"。正是由于耳闻目睹了这些来自民间的作品，所以李贽才得出了"苟童心常存，则道理不行，闻见不立，无时不文，无人不文，无一样创制体格文字而非文者"的结论。

李贽关于童心说的思想包含两方面含义和价值：第一，他认为衡量古今文学作品的尺度是"童心"的尺度，即人的真性情的尺度，而不是什么道德伦理或者贵古的尺度；第二，他为一切在传统观念看来是"不登大雅之堂"的文学作品做了正名，为反映真性情的作品、为具有人民性的大众文学和白话文学的发展开辟了广阔的道路。

李贽还提出"自然之为美"的命题。李贽认为，情感的艺术表现会因每一个体性格的差异而形成千差万别的风格，如舒缓、浩荡、壮烈、悲酸、奇绝等，但总以自然为美，自然而然，而不是为自然而自然。他特别反对用所谓的"礼义"来规范和约束人类丰富多彩的情感及其表现风格，反对以"一律求之"，反对把人类的情感表现束缚于一个模式之中。他特别强调要因乎人性之自然来表达、抒发真实的情感，而不要有丝毫的矫强和伪饰。"自然之为美"这一命题表现在李贽的诗论上，在于他继承了唐宋以来中国诗论"以禅论诗"或"以禅喻诗"的传统，并将其从属于童心说的创作论。在这方面，他提出了"非佛不能谈诗""谈诗即是谈佛"的命题。他反对"本不能诗而强作"，这是合乎他的"自然之为美"观念的。但他认为要写出好诗来，则需要有禅宗的那种将身心融入自然的境界。

另外，李贽讨论了"文"与"道"的统一性，他反对以文章为"末技"的传统观点，质问"文与道岂二事乎""孰谓传奇不可以兴、观、群、怨"。他认为文学作品的体裁和风格是随时代变化的，因此，"诗何必古选，文何必先秦"，只要"童心"未失，就自然会有体现人的至性至情的作品。他对真性情与创作的关系做了极生动的表述。他认为"画工虽巧，已落二义"，推崇无工之工的自然之"化工"。他指出："凡艺之极精者，皆神人也。"意思是艺术是不会拖累人的，凡是在艺术上达到了极高造诣的人，都是天才人物。

李贽的《焚书》中有《封使君》一文，既通过引证民歌和文人的创作来揭露专制统治的吃人本质，又生动地阐明了他那别出心裁的"怒骂成诗"说。从文学理论上来看，这一"怒骂成诗"说是对儒家传统的"温柔敦厚""怨而不怒，哀而不伤"诗教的一大突破。在提倡"怒骂成诗"的批判精神的同时，李贽还提出了他的"发愤著书"说。他说："不愤而作，譬如不寒而颤，不病而呻吟也，虽作，何观乎？"比如，历来的统治者都把《水浒传》看作一本"诲盗"的书，一本教人造反的"逆书""反书"，可是李贽却热烈地赞美《水浒传》为"贤圣发愤之所作"。他具体分析了《水浒传》产生的历史条件，认为施耐庵、罗贯中生活于元末明初，满怀深挚的感情，总结宋朝被游牧民族所征服的教训，深有感于宋朝"大贤处下，不肖处上"、终于导致亡国的历史悲剧，因此才发愤而作《水浒传》。《水浒传》中写宋江破辽，乃是为了宣泄对宋徽宗、宋钦宗被金人掳往北方的悲愤；写宋江征方腊，乃是为了宣泄对宋朝君臣南渡后苟安于东南一隅的愤怒。是代谁泄愤呢？是代啸聚于水浒的梁山好汉们泄愤，因为这些被逼上梁山的英雄好汉才是真正的忠义之士。如果宋王朝不是采取那种重用不肖者的用人政策，那么宋朝是不会被元朝征服的。《水浒传》之所以具有很高的艺术价值和社会意义，就在于它是施耐庵、罗贯中的发愤之作，甚至可以称之为泄愤之作。李贽十分重视文学作品经世致用的社会功能，他认为《水浒传》就是一部可以使统治者从中获得教益、有利于经世致用的书。

综上，李贽以童心说为代表的美学思想对明代社会腐败、虚伪、丑陋等现象进行了深刻的揭露，成为晚明浪漫主义美学思潮的先驱者。

第五节　汤显祖：情是艺术的原动力

晚明以李贽为代表的解放天性的童心说预示了浪漫主义美学的到来，在戏曲领域，汤显祖提出的唯情说将这种思潮进一步深化，丰富了晚明的美学文库。

汤显祖，字义仍，号海若、若士、清远道人，江西临川人，明代戏曲家、文学家。他出身书香门第，早有才名，不仅于古文诗词颇精，而且能通天文地理、医药卜筮诸书。出仕期间，汤显祖成绩斐然，却因个性耿直得罪了权贵，后逐渐打消仕进之念，潜心于戏剧及诗词创作，其戏剧作品有《牡丹亭》《邯郸记》《南柯记》《紫钗记》，都以爱情为主题。因这四部戏剧都与梦有关，因此合称为"临川四梦"，也合称"玉茗堂四梦"。

汤显祖美学思想的核心是"情"，主张唯情说。"情"这一词在其文论和创作中出现不下百次。汤显祖认为，文学艺术的本质就是情，情不仅是人生的原动力，也是艺术的原动力。各种文学艺术都应该是由"情"产生的，也因为包含情而能感动人。他说："世总为情，情生诗歌。"（《玉茗堂文之四·耳伯麻姑游诗序》）"人生而有情。"（《玉茗堂文之七·宜黄县戏神清源师庙记》）

汤显祖所说的"情"是与"理""法"相对立的。"情"是人生来就有的，是面对事物时内心产生的真实情感，"理"是封建伦理规范，"法"是封建政治法律制度。在汤显祖看来，"情"与"理""法"这两方面都是对立的，他认为："情有者，理必无；理有者，情必无。真是一刀两断语。"（《寄达观》）"世有有情之天下，有有法之天下。"（《青莲阁记》）"情"应该从"理""法"的束缚中解放出来。在当时，封建传统的"理"与"法"占统治地位，是很难动摇的。例如李白之所以能把他的才能发挥到极致，是因为他生活在"有情之天下"，而自己却生活在"有法之天下"，所以不能完全施展自己的抱负，展现自己的才能。在"理"与"法"占统治地位的现实中表现"情"是一件很困难的事。于是，汤显祖就将这"情"寄托于梦中，在梦中人们充满感情，社会充满真情，这就实现了在现实中所无法实现的梦想。最典型的就是他在戏剧中创作了一个至情之人杜丽娘。杜丽娘出身官宦之家，聪明、娴静而又美丽，不甘于封建礼教的压抑束缚，追求理想的爱情生活，梦中与书生柳梦梅结合，此后就追求梦中情人，思念成疾而死，被埋葬梅花观中。后柳梦梅果然来此，她随即复活，冲破封建家长的阻挠，与柳梦梅结为夫妇，实现了自己美好的愿望。杜丽娘穿越了现实、梦境、幽冥三界，显然是作者天马行空的幻想的产物。作者借用三种境界的艺术对比来抒发理想与思想，以梦幻与幽冥将现实的残酷烘托得淋漓尽致。汤显祖在戏剧创作中编织着符合自己理想的梦境，将理想转化为艺术形象，让梦想得以实现。

在唯情说的基础上，汤显祖还强调了"趣"这个美学范畴。他认为，如果小说失去了"真趣"，就会像木偶一样古板："使呫呫读古，而不知此味，即日垂衣执笏，陈宝列俎，终是三馆画手，一堂木偶耳，何所讨真趣哉！"（《汤显祖诗文集·补遗》）汤显祖提出的与"趣"相近的词汇还有"奇""心灵"等。比如，他说："天下文章所以有生气者，全在奇士。士奇则心灵，心灵则能飞动，能飞动则下上天地，来去古今，可以屈伸长短生灭如意，如意则可以无所不如。"（《序丘毛伯稿》）在汤显祖看来，天下文章有生气的原因，全在于有奇特的艺术修养的作家。"士奇则心灵"，有了奇特艺术修养的作家就能有奇特的洞察力；"心灵则能飞动"，有了敏锐的洞察力就能激起奇特的想象力，"能飞动则下上天地，来去古今，可以屈伸长短生灭如意"，有了奇特的想象力自然就能产生奇特的创造力。可见，汤显祖反对亦步亦趋的形似，主张独抒性灵，哪怕是像苏轼笔下的枯木怪石等原本不入格的东西，只要是自然灵气，纵意所致，都可以"入神而征圣"。即有了高度的艺术想象力，就可以表现一切。

汤显祖主张在艺术形式方面也要突破模式和法则的限制，不必过度看重声韵等形式美的要求。他说："凡文以意、趣、神、色为主，四者到时，或有丽词俊音可用。尔时能一一顾九宫四声否？如必按字模声，即有窒滞迸拽之苦，恐不能成句矣。"（《玉茗堂尺牍卷四·答吕姜山》）他提出的"意、趣、神、色"四个概念，指的是作品的意旨情趣、风神韵致等方面。汤显祖认为，这对于文学艺术来说才是最重要的。过于考虑音律，以致因迁就曲律而损害"意、趣、神、色"，则不可取。

除了《牡丹亭》中的"有情人"杜丽娘的形象，汤显祖按照唯情说的创作思路，还创作了许多其他著名戏剧作品。比如，汤显祖在《紫钗记》描写了霍小玉与李参军经过重重险阻、终于团圆的情感故事，并且在《紫钗记题词》里感叹"霍小玉能作有情痴"，还是以深情打动人；汤显祖在《南柯记》中描写的蝼蚁国亦似人间有各种各样的感情活动，即使后来他们"梦了为觉，情了为佛"，也不过是将人间的情感转变为宗教的情感罢了；《邯郸梦记》更是注重贯穿卢生一生的情感活动，汤显祖在《邯郸梦记题词》中说得很清楚："《邯郸梦》记卢生遇仙旅舍，授枕而得妇遇主，因入以开元时人物事势，通漕于陕，拓地于番，谗构而流，谗亡而相。于中宠、辱、得、丧、生、死之情甚具。"由此可见，情感活动是贯穿汤显祖戏曲文学创作的一根红线。

汤显祖以唯情说为代表的美学思想，对后世的影响很大。《红楼梦》的作者曹雪芹就深受汤显祖美学的影响。

第六节　袁宏道：性灵说与艺术发展观

李贽的童心说在汤显祖那里成了唯情说，到了袁宏道这里变成了性灵说，三者相似，都指向唯心美学，但又有不同。尤其是袁宏道的性灵说，成为明代美学极为重要的一个概念。

袁宏道，字中郎，一字无学，号石公，又号六休，湖北公安人，明代文学家。他是明代文学反对复古运动的主将，他的创作成就主要在散文方面，多抒写闲情逸致，文风自然率真，清新活泼。他提出主张抒发真实性情的性灵说，又提出文学艺术应该随时代变化的文学发展观，对明代美学影响极大。

"性灵"一词早在魏晋南北朝时期的谢灵运、庾信、颜之推等人的诗文中就被使用过，一般指一种灵动的才思。唐代提出儒家道统说，"性灵"一词渐被冷落。明代中后期，随着个性解放思潮的兴起，文艺界又重新使用

"性灵",并赋予其更丰富的内涵。性灵说是袁宏道文学思想的主体,也是晚明文学革新派最重要的理论表述之一。尽管袁宏道对于性灵并无明确的定义和论解,但是,通过散见于其著作中的一些论述,仍可见袁宏道以性灵说为中心的文学思想的要义。袁宏道吸收了前人有关"性灵"的合理论述,并建构成为一种与复古派相异其趣的性灵说,其理论核心是主张文学作品要抒写真情。宁今宁俗、反对拘守古法和提倡"趣""韵""淡""质"等美学范畴,是袁宏道性灵说的基本内涵。

与李贽的童心和汤显祖的唯情概念相类似,性灵也指的是一个人真实的情感欲望,如悲伤、快乐、喜欢、厌恶以及对美的追求等。这种情感欲望的具体内容和程度都是各不相同的,是每个人的本色。人们只有拥有这种真实的情感欲望,并真实地表现出来,不受社会道德、知识的束缚,才可以说是"真人",即真实的人、真正的人、他们所写的文章真实地表现了自己的感情,就是"真文"。除此之外,"性灵"中的"灵"则侧重于人的灵气和才气,袁宏道认为,灵气和才气是天生的。文学表现性灵包含了两个方面,第一个方面不仅要表现真实的性情,还要表现每个人的灵气、才气,只有表现了"性灵"的文章才是美的。第二个方面是袁宏道的学说与李贽和汤显祖不同的一点,它比李、汤的学说在含义上更加丰富。

基于性灵说,袁宏道也强调"趣"。但他并未对"趣"做过描述和规定,认为"趣"只可意会不可言传,"趣"是由人的灵气和才气的流动而形成的。人的灵气、才气流动,在作品中表现自己的真实情感,就能够使文章具有"趣",能够给人美感。文章的"趣"主要来自艺术家内心情感的真实表达,并不是学问。人的见闻和知识越多,在看问题的时候就会越受这些头脑中已有思想观念的束缚,就越不容易产生自己最真实的想法,"性灵"就被束缚住了。袁宏道的"趣"指的是主体的审美情趣,它是非理性、非逻辑、感性的、深层次的精神愉悦,存在个体性,不是一种普遍可感知的感受。

袁宏道的"性灵"也与"淡"相联系。他说:"凡物酿之得甘,炙之得苦,唯淡也不可造。不可造,是文之真性灵也。"(《叙咼氏家绳集》)"淡"接近事物的本色,与老子的"恬淡为上"是相通的。

袁宏道还谈到了"露",也是与"性灵"相关的一个词,他认为在"情至"之时,嬉笑怒骂,"发之于诗",是完全可以的。他对于情感直露的肯定，对传统儒家美学一直提倡的含蓄为美、温柔敦厚的美学风格是有冲击的。

除了性灵说，袁宏道还论述了时代变化决定艺术变化的艺术发展观。他说："世道既变，文亦因之。"（《袁中郎全集》卷一《与江进之》）时代变化和社会发展，这决定了文学不得不随之发展变化。每个历史时期都有其相应的文学，各有其成就与不足，文学的"变"是一个必然的趋势。概言之，文学随时代和生活的发展而变化。袁宏道认为，文学发展是一个不断产生、消灭弊端的"救弊"过程，他在《雪涛阁集序》中以六朝到宋的诗文因革为例，提出了"法因于弊而成于过"的文学发展是一个矫枉过正的过程。这是针对"前后七子"用格调、法度等一套陈规陋俗来束缚创作而提出的，他以辩证发展的观点指出：一种新的文学风格、时尚、意趣虽然与旧的对立，但从发展过程来看，它是克服了旧文学的弊端从而取而代之的。这种新的风格、时尚、意趣兴起后，又会产生新的弊病，又有更新的风格与之对立和斗争，最终走向反面，这是一个否定之否定的辩证过程。这一学说有其时代合理性，但仅能解释部分文学现象，而不适用全部，有其局限性。

文学是发展的，推进文学变革需要勇气和胆量。袁宏道特别强调"胆"，他主张随着自己内心的情感来写文章，摆脱束缚人思想的封建旧道德、旧规范，这样才能实现文学的革新。这一点是符合历史和文学发展规律的，对后人很有启发。

第七节　叶昼：真实与典型

叶昼，字文通，又自号叶不夜、叶五叶、锦翁等，江苏无锡人，明代文学家，评点过《水浒传》《三国演义》《西游记》等小说以及多部戏曲，尤其是他对《水浒传》的点评，在中国美学史上具有重要的意义。

小说是一种以人物和情节为中心，通过完整故事情节和环境描写来反映社会、表达思想的文学体裁。小说人物众多，情节跌宕起伏，故事性较强，因此，小说的真实性以及对典型人物的塑造，成了美学家关注的重点问题。

明清美学家普遍认为，小说应该具有真实性，且小说的生命力就在于真实性。叶昼在评点《水浒传》时提出了"逼真""肖物""传神"等写实方法，将"逼真""肖物""传神"作为评价小说最基本的美学标准，且叶昼是将小说的真实性放在第一位的。叶昼在评点《水浒传》时认为，为民除害的英雄事迹，甚至是平常的小伙计的婚姻故事，都真实反映了社会生活，因表现出了"真情"而使小说具有美感。与此相反，其中匪夷所思的阵法以及梦境，虽然写得很离奇，给人以刺激感，但是因为不具有真实性而对其予以否定。由此可见，在叶昼看来，小说的真实性是十分重要的。

小说毕竟是通过故事来表达思想，它虽然具有真实性，但是又不同于历史纪实。因此，如何处理真实与虚构的关系便成为值得研究的问题。叶昼认为，强调小说的真实性并不排斥艺术虚构，只要这种艺术虚构符合社会人情的常理，也算是真实的。即"真"主要分为两种：完全依照现实生活中的真人真事来写，可以算作"真"；小说中的人物姓名和发生在人物身上的事是虚构的，但是这种事的发生符合常理，现实社会中会有这样性格的人，会发生类似的事，这也可以称作"真"。例如小说中描写的梁山好汉的英雄事迹，在当时社会中也会出现，因此人们在读到这些情节时就会觉得是真的，也就是说这种虚构具有了真实性，这在小说中是不排斥的。

小说主要是写故事，而故事中不能没有人，人是贯穿小说始终的，是推动情节发展的动力。明清美学家认为，小说的中心是人，因此塑造典型的人物形象格外重要。只有具有典型性格的人物，才能够体现人物的特点和精神，才能给读者留下深刻的印象。叶昼对《水浒传》在人物塑造上的成功进行了分析，这可以说是中国美学史上最早的关于塑造典型人物的理论。首先，叶昼认为，《水浒传》中的人物虽然是作者虚构的，现实中没有鲁智深、武松其人，但是作者的这种虚构也是以真实的社会生活为基础的，是现实生活情况的真实反映，在生活中可以找到与剧中人物性格或者事迹很像的人。其次，《水浒传》中的人物都具有鲜明的个性。例如鲁智深曾经三拳打死了一个欺压百姓的地主郑屠，是烈丈夫的典型。这些人物个个性格鲜明，他们的背景、身份、性格不同，因此对待一件事的反应也有所不同。这种典型性、个性化的描写使得故事符合社会生活现状和情理，从而使小说具有真实性。再次，《水浒传》已注意从不同层次揭示人物的心理活动。叶昼指出，《水浒传》在描写人物时善于从"眼前"、"心上"和"意外"来描写人物的内心活动，表现出人物所思所想，使得人物刻画得生动而真实。最后，《水浒传》中不仅主要人物刻画得成功，就连配角也塑造得十分精彩。这些配角虽然情节较少，但仍在有限的情节发展中形成了自己独特的个性，《水浒传》将他们写得也很逼真、传神。

叶昼对小说的评点相对较早，他在小说真实性和人物典型性方面的观点对后来美学家产生了很大的影响。理解他的美学思想，有助于我们全面把握明清小说美学的发展脉络。

第八节　王骥德：戏曲"本色"

王骥德，字伯良，一字伯骏，号方诸生，别署秦楼外史，会稽（今浙江绍兴）人，明代戏曲作家、曲论家。王骥德受家庭熏陶，自幼嗜戏，多有著述。其戏曲理论著作《曲律》旁征博引，自成一家之言，是一部系统全面的曲论专著，也是明代戏曲理论的一个高峰。全书共四卷，内容涉及戏曲源流、音乐、声韵、曲词特点、作法等方面，并评点了元明两代的许多戏曲作者和作品，其中不乏真知灼见，例如对戏曲"本色"的研究。

中国古代文论多论及"本色"，如袁宏道谈到的诗歌"本色"是指艺术风格和特征；徐渭谈到的作品"本色"，既要感人，还要通俗；还有一些是从文学体裁的艺术风貌、时代风格、语言特色、作品气质、戏剧中人物个性等方面进行讨论的，其共同特点是研究对象的艺术特征，并探索与之相适应的创作规律和方法。王骥德的本色说即是在众家谈"本色"基础上的综合论述。

王骥德戏曲理论的产生有其特殊的社会文化背景。晚明时期，道学的腐庸之气，时文的八股流风，还有以诗为曲、以词为曲等习尚，都借文人之笔逐渐侵入戏曲创作中，导致了戏曲中雕章琢句、刻意堆砌的时弊。一些戏曲家为了将戏曲提升到高雅文化的地位，大谈戏曲的教化功能。这种戏曲中的流弊为一些文艺家所不满，于是以王骥德为代表的戏曲家提出了戏曲的本色说。

　　王骥德的本色说是在汤显祖和沈璟两人艺术批评的基础上而形成的。汤显祖认为，戏曲是情感的产物，也重在表现感情。相对于抒情而言，音律居于次要地位。有时候为了表达某种情感，音律上可以出现不和的情况。沈璟与汤显祖的观点正好相反，沈璟非常重视音律，他虽然认为汤显祖的《牡丹亭》是好作品，但觉得其中有些句子不合音律，并擅自将这些地方改了过来，为此遭到了汤显祖的批评。王骥德在评价汤显祖和沈璟两人时，认为他们在戏剧上都过于偏激，汤显祖偏重情，因此过于豪放；沈璟偏重音律，因此过于拘谨。王骥德主张戏曲应该兼顾抒情和音律，既要遵守音律的法则，又要崇尚情感、趣味的表现，也就是既主张"守法"，又主张"尚趣"。他认为王实甫的《西厢记》堪谓"法""趣"结合统一的典范，应定为神品。

　　除了上述的"法"与"趣"两种艺术特质外，王骥德的"本色"还包含丰富的美学含义。首先，他的"本色"是与文雅、华丽等词相对的一个词语，接近平淡的含义，要求通俗易懂，用他的话讲要"入众耳"，也就是让老百姓都能听得懂。其次，他的"本色"还强调要"认路头"，即认清戏曲的创作规律，因为戏曲与诗、词都不同，是一种综合性的艺术，它有自己的创作规律。最后，他的"本色"还讲究作曲要达到恰到好处的境界，相当于徐渭的"妙处"，要在浓淡、雅俗之间。他还借用严羽"妙悟"的说法，提倡以禅入诗，阐明戏曲创作规律。

　　王骥德《曲律》可谓明代曲论的总结，针对"道学家派""文辞家派"的戏曲创作流弊，企图通过对戏曲的艺术特点与创作规律的探索，促使戏曲创作向良好的方向发展，对明代美学有很大影响。

第九节　董其昌:"南北宗论"与文人画

明代绘画在宋元绘画的基础上进一步发展,宫廷绘画进入全面繁盛阶段,文人画也形成纷繁的风格和流派。明初绘画以戴进、吴伟为代表的浙派山水占优势,浙派在风格上取法马远、夏圭,以南宋院体画为宗。明中叶,以沈周、文徵明为代表的吴门画派占优势,吴门画派远宗北宋,兼取"元四家"。明代后期山水画派林立,有以董其昌为首的"华亭派"、赵左的"苏松派"、沈士充的"云间派"、蓝瑛的"武林派"、项圣谟的"嘉兴派"等,尤以董其昌为首的"华亭派"影响最大。

董其昌,字玄宰,号思白、香光居士,松江华亭(今上海市)人,明代书画家,著有《画旨》《画眼》《画禅室随笔》等。董其昌提出"以天地造化为师",读万卷书,行万里路,将师造化与师古人结合起来,在笔墨技法上有新的创造。他巧妙地运用笔线的粗细疾徐润涩、墨色的浓淡干湿,将江南层峦叠嶂、云气氤氲的景象表现得淋漓尽致。董其昌地位显赫,官至南京礼部尚书,诗、书画独步一时,宗之者成风。

在绘画理论上,董其昌最大的贡献是提出了"南北宗论"。董其昌认为,禅家有南北二宗,画家也能分为南北二宗。北宗以李思训父子为始祖,马远、夏圭为旗下干将;南宗以王维为始祖,董源、巨然为实际领袖。北宗崇尚青绿山水,南宗以水墨渲染为主。平心而论,从美学角度阐发,山水画中确实并存着可以相对划分的两种不同风格、不同的审美追求和不同的作画态度。北宗绘画讲究"积劫方成菩萨",风格偏于"精细";南宗绘画讲究"一超直入如来地",风格偏于"萧散"。可以说,董其昌的"画分南北宗"是将画风、画法、审美追求、作画态度等进行综合比较之后而划分的。董其昌提出的"南北宗论"本来并无贬抑北宗之意,也无正宗野狐之分,但到了清代,晚明思想活跃的局面和竞尚狂禅的风气顿息,代之以程朱理学为儒学正宗,为了适应新形势而被修正为"尚南贬北"。无论如何,董其昌将中国画分为南北二宗是具有革命性意义的。

董其昌还发展了宋代以来的文人画理论。文人画是指文人、士大夫绘制的带有文人情趣，流露出文人思想的绘画，多取材于山水、梅兰竹菊等，借以抒发"性灵"或个人抱负。文人画多表现君子人格和隐逸精神，崇尚品藻，强调神韵，很重视画中意境的缔造，追求自然、恬淡的风格。

在文人画中，诗以文字排列的形式融入画幅之内，大大开拓了绘画的表现力。从内容上看，它起到了明确绘画主题、升华绘画意蕴、拓宽绘画意境的作用；从形式上看，它具有完善布局、美化构图的效果。而诗歌由于有了绘画具象直观性的观照，因此有了形象的凭借、想象的依托，在诗情、诗意、诗境的阐发上更为明晰、更为直接。可见，诗与画的融合具有取长补短的互补作用，如南宋诗人吴龙翰在《野趣有声画·序》中所说的："画难画之景，以诗凑成；吟难吟之诗，以画补之。"

文人画在画法上追求水墨渲染，在意境上则要求有诗或书的韵味。"画中有诗"强调画的精神内涵，强调画要具有诗一样丰富而深远的思想、情感。董其昌好游山水，他经常将眼前山水与他熟悉的诗句相融合，他在《画禅室随笔》中说："古人诗语之妙，有不可与册子参者，惟当境方知之。长沙两岸皆山，予以牙樯游行其中，望之地皆作金色，因忆水碧沙明之语。又自岳州顺流而下，绝无高山，至九江则匡庐兀突，出樯帆外，因忆孟襄阳所谓'挂席几千里，名山都未逢。泊舟浔阳郭，始见香炉峰。'真人语千载，不可复值也。"董其昌因山水悟诗，又由诗悟画，将山水之境与诗境、画境合为一体，这是他艺术创作的一个重要特点。

"画中有诗"还可以指以诗句为题来作画，或是在画上题诗。题画诗从总体内容上看，大致可分为三种。

第一种是表现或再现画的意境，即以诗咏画，以诗意提升画意，进而以诗境拓宽画境。如苏轼的《惠崇春江晚景》其一："竹外桃花三两枝，春江水暖鸭先知。蒌蒿满地芦芽短，正是河豚欲上时。"此诗进一步拓展深化了画的意境。

第二种是阐发画意，借此抒发自我的情感和胸怀抱负的。如李唐的《题画》："云里烟村雨里滩，看之容易作之难。早知不入时人眼，多买燕脂画牡丹。"李唐从北方逃难到南方，他的山水画未被时人所重，生活困难时写下了这首诗。此诗表达了画家对时俗浅薄之风的愤懑，以及不随流俗的精神境界。此诗只有第一句写画面，其余三句都是借题发挥，寄托情感。

第三种是阐述绘画艺术见解或表达自己对画的感受，品画论画。如白居易《画竹歌》中的"不根而生从意生，不笋而成由笔成"，说明绘画是经过艺术构思创造出来的，强调的是"意"。又如徐渭《题画梅》中的"从来不见梅花谱，信笔拈来自有神"，体现了画家追求创新的美学思想。

董其昌强调文人画要"绝去甜俗蹊径，乃为士气"，其中"读万卷书，行万里路"是"为山水传神"的前提。在游历山水过程中体会诗中境界的妙处，然后将这种诗意融入绘画中，就是"画中有诗"。

画中融入书法，在元明时期也成为风气。董其昌提倡"士人作画当以草隶奇字之法为之"，也就是用书法的写作方法来作画，这其实是讲绘画的气势。书法中要求字要

明　董其昌
葑泾仿古图
纸本水墨
79.72cm×30.25cm
台北故宫博物院藏

有"骨力",而绘画在表现某些事物时也强调"骨力",这骨力是通过枯、涩、曲、拙等笔势体现出来的。例如董其昌称"树如屈铁,山如画沙",这是用书法的方法来作画,将它们融会贯通,更容易让人体会到其中的妙处。董其昌说:"下笔便有凹凸之形,此最悬解。吾以此悟高出历代处,虽不能至,庶几效之,得其百一,便足自老,以游丘壑间矣。"董其昌认为这种用笔之法"最悬解",即最能给人带来自由感与乐趣。

第十节　计成:《园冶》与园林美学

园林是利用一定地域的工程技术和艺术手段,通过地形地貌的改造(或进一步筑山、叠石、理水)、树木花草的建筑、园路的布置等,创造出的美的自然环境和休憩的空间。中国园林建设始于殷周时期。秦汉时期的帝王宫苑已具有很大规模,以湖水为中心,堆山建岛,修筑宫室。这种"一池三山"的格局,构成了中国园林的传统。宋元之后,江南经济发达,官员和富商建造了很多私家园林。明清两代,皇家园林与私家园林得到了空前的发展。皇家园林以北方为主,如颐和园,规模宏大,风格华丽;私家园林多集中在江南地区,如苏州园林,规模较小,与家居相结合,在较小的空间进行营造,设计精巧,布局自由,风格秀雅。在这种背景下,园林美学开始形成体系。明代造园家计成所撰写的《园冶》,是我国古代最完整的一部园林学专著,也是中国最早的园林美学专著。

计成,字无否,号否道人,江苏吴江人,明末造园家。"以人为本"是计成造园美学思想的核心。计成主张按照人的需要来设置一切景物及亭台楼阁,景为人设,触目皆画,给人可游可居、赏心悦目的感觉。在中国园林美学中,建筑是人与自然相通的中介,园林建筑除了满足居住需要,还要满足人的审美要求,让人在园林中感受到自然的美感。因此,造园者要考虑如何将自然美景纳入建筑中来,满足人的视觉、听觉、触觉、嗅觉等多方面的审美需要。人在园林中不仅可以观鱼游、听鸟鸣,还可以闻花香,感受清风吹拂,从多方面感受到美的存在。造园者应该注意景观的构成和组合,善于从园林原有的山水形式出发，依山借水，通过借景来塑造美感。

计成说："夫借景，林园之最要者也。如远借、邻借、仰借、俯借，应时而借。然物情所逗，目寄心期，似意在笔先。"借景的手法是将零散之景构成有机整体，相互借光，相得益彰，天因地而显得更高，地因天而显得更阔，天对于地是仰借，地对于天是俯借。上下、左右、内外景物无不可以借。计成充分考虑到园林中景物之间的关系，让一景发挥多种作用。它既是此一景观中的主景，又可以是另一景观中的借景。这样互相借景，园林就不显得窄小，景观也不显得单调了。这实际上是一种以小见大的艺术手法。计成说："借者，园虽别内外，得景则无拘远近，晴峦耸秀，绀宇凌空，极目所至，俗则屏之，嘉则收之，不分町疃，尽为烟景，斯所谓巧而得体者也。"换句话说，园外之景尽可以纳入园内观赏的视野，以丰富园内之景。借景的原则只有一个，就是"因"，就是要根据实际的地理情况灵活处理。所谓"俗则屏之"，就是有损于景观的事物应想办法将它遮蔽，而有益于景观的事物则应想办法将其纳入。简言之，构园无格，借景有因，造园者和欣赏者要善于调动自己的审美能力，以小见大，使借景景物浑然一体。

除了借景，分景、隔景也是园林建造中常用的手法。分景、隔景都是通过分隔空间，增加景色的层次，在观赏者的心理上扩大空间感。计成在《园冶》中说："轩楹高爽，窗户虚邻，纳千顷之汪洋，收四时之烂漫。"人们透过窗户可以看到外面的景色，可以仰观、俯察、远望，从而聚集无限空间的景色。造园者采取借景、分景、隔景等造园手法和亭、台、楼、阁等建筑元素，是为了对有限的空间进行重新构建，在视觉和心理上扩大空间，增加审美的层次感和趣味性，从而丰富欣赏者的审美感受。因此，造园者在整个园林设计中起到了重要作用。

计成十分重视造园者的主体作用，即总体规划作用。计成说："古公输巧，陆云精艺，其人岂执斧斤者哉？……故凡造作，必先相地立基，然后定其间进，量其广狭，随曲合方，是在主者，能妙于得体合宜，未可拘率。""得体合宜"是一条重要的美学规律，它强调对园林的总体设计，涉及园林各部分的关系，也涉及人与物的关系，比如园林所在地原有的地理条件与造园者主观意图的关系。中国园林美学崇尚自然，但不是对自然的简单模仿，而是对自然的艺术再现。计成非常强调从园林原有的地理条件出发，巧妙地利用这些条件进行设计，认为园林建造应当是"虽由人作，宛自天开"。这是对中国园林美学的精当总结。"得体合宜"还包含对既成法则的

苏州网师园，苏州园林的代表作品，始建于南宋时期

灵活运用。造园家总是力图在有限的空间中创造出深远的意境，因而灵活采用各种手段，造成变化、对比和层次，达成"步移景异"的效果。可以说，"得体合宜"是审美的合规律性与合目的性的统一在园林建造中的具体体现。

第八章 清代——古典美学的总结

清代是中国古典美学的总结时期，出现了王夫之、叶燮、刘熙载等美学家，他们都对前朝的美学理论进行了总结，并在此基础上有所发展。

清代的戏曲与小说继续发展，这一时期文学批评家也热衷于对小说和戏曲进行评点。金圣叹对《水浒传》的评点、毛宗岗对《三国演义》的评点以及脂砚斋对《红楼梦》的评点，涉及小说中的情节设置、人物塑造、真实性与创造性等问题，李渔对戏剧创作通俗化的论述也值得关注。

在绘画理论上，石涛的"一画论"代表清代绘画美学的水平，也是中国绘画美学的高峰之一；郑板桥是"扬州八怪"中的著名画家，他的绘画美学对中国传统绘画美学带有某种总结色彩，这些都对后世产生了深远的影响。

第一节　王夫之："情景统一"说和诗歌意象

中国古典美学发展到明末清初便进入总结时期，这一时期的标志之一，就是王夫之美学体系的形成。

王夫之，字而农，号姜斋，湖南衡阳人，世称船山先生。他不仅是一位哲学家，还是一位美学大师。他建立的美学体系是以诗歌的审美意象为中心的。王夫之继承并发展了王廷相的美学思想，他将诗与志、意加以区分。诗的本体是审美意象，而志是指作者的志向、思想感情，意是意愿、意思。志、意并不等于审美意象。简单来说，一首诗好不好，不在于它意如何，而在于它的审美意象如何。一首诗之所以打动人，不是依靠意，而在于创作出某些意象，自然动人。情感要通过意象含蓄地表现出来，这样才能具有意蕴和美感。因此，诗与志、意是不同的。

诗也不同于史。历史是对过去事实的记载。虽然诗歌可以叙述事件，但是诗歌的本体是审美意象，是以创造意象为中心的，写诗要"即事生情，即语绘状"，包含着作者的感情，因此不同于历史的实录。历史是求真的，诗歌是审美的。

那么，意象是什么呢？王夫之认为，诗歌意象是情与景的内在统一。所谓"统一"，即孤立的景不能成为审美意象，孤立的情也不能成为审美意象，景中要包含着情，情要在景中表现。而且，情与景的统一是内在的统一，并不是一联景、一联情的机械拼合。情与景结合的具体形态可以是多种多样的，只要这种结合是内在的统一而不是外在的拼合，就可以构成审美意象。

如此一来，我们不禁要追问：怎样才能实现情与景的内在统一呢？王夫之认为，情与景的内在统一是在直接审美感兴中实现的。人们面对现实中的事物，心灵自然而然地受到触发，这种触发是当下的、直觉的，不需要思考和推理。人在这种触发下会有所感悟，然后将自己心中的情感与看到的景象相融合，从而构成审美意象。有时候一首诗中一句抒发感情的句子都没有，但是人们却能从诗中读出作者的情感，原因就是诗中的景象都是从作者直接审美感兴中产生的，作者的情感已经寄寓在景象之中。

王夫之认为审美意象必须从直接审美观照中产生，这是审美意象的最基本的性质，他用"现量"这个概念来加以概括。现量本来是佛教法相宗的一个概念，用来说明心与境的关系。王夫之把现量这个概念引进美学领域，以此说明审美意象的基本性质，也就是说审美意象一定是从审美观照中直接产生的。现量是"寓目吟成"，是"只于心目相取处得景得句"，是"因情因景，自然灵妙"。简单来说，现量是目前通过直接感知所获得的知识，而非以往的印象，不需要抽象思维活动的参与，如比较、推理等。与此同时，现量是真实的知识，是通过主动把握客观对象这一生动的存在而获得的知识，并非虚妄的知识，也不是仅表现对象某一特点的知识。王夫之关于现量的论述是对审美观照的一种分析，也可视为中国美学对审美直觉的深刻认识。

王夫之在情景说和现量说的基础上，对诗歌意象的特点进行了思考和总结，分析了诗歌意象的整体性、真实性、多义性、独创性的特点。

整体性是指一首诗的审美意象是一个融合在一起的、血脉相通的整体。朱熹认为诗歌中有很多的意象，这些意象有自己内部的逻辑和血脉，它们互相联系，共同表达诗文的意蕴。朱熹仅仅认识到诗歌意象从整体上看是贯穿着一条"血脉"的，但是这条血脉是什么，朱熹并没有说明。王夫之对此进行了思考，认为贯穿诗歌意象的血脉是在直接审美感兴中的自然的连接，是诗人受到客观事物的触动，自然而然地形成意象的组合，并不是靠词语或意义按照逻辑推理刻意地安排连接在一起。王夫之继承朱熹"反复涵咏"的方法，认为赏析诗歌要把握诗的整体意象，不应通过逻辑分析，而是要从容地、反复地涵咏，设身处地把自己置于诗人当时的语境，使自己充分体验诗人审美感兴的逻辑，体会诗中意象的血脉。如此一来，诗的意象就会活泼泼地涌现出来。

真实性是艺术创作的基本要求。王夫之十分重视诗歌审美意象的真实性，他认为直接审美感兴中所产生的审美意象，不仅要显示客观事物的外部情况，而且要显示事物的内在规律。诗歌审美意象所显示的"理"不是逻辑思维或儒家道德的"理"，而是处在当时情境中通过直接审美感兴所把握的

"理"。王夫之认为，应该让直接审美感兴所产生的审美意象显示客观事物作为一个整存在的本来面目，而不是用主体的一些框框去破坏它的完整性，这些框框包括思想、情感、语言等方面。他认为事物是客观的，有多方面的性质，它和人的生活也有着多种联系，人不能用自己的感情去限制、影响和破坏事物的这种客观性和完整性。

既然事物包含多方面的性质，人在创造审美意象时就不可避免地带有多义性。王夫之提出"诗无达志"的主张，就是说诗的含义具有宽泛性和某种不确定性。由于不同的欣赏者在性格、生活经验、知识背景、思想情趣等方面各有不同，因此对于同一首诗，欣赏的侧重点可能存在差异，引起的想象、联想和共鸣可能不同，在思想上获得的感受和启示也可能不同。这就是艺术欣赏中美感的丰富性和诗歌审美意象的多义性。另外，诗歌意象是在作者直接地、瞬间地对事物的感受和审美中产生的，没有经过思维的加工和整理，因此，诗歌意象中蕴含的情意就带有不确定性，是宽泛的。

诗歌意象还具有独创性的特点，这也是由诗歌意象的产生过程所决定的。正因为每一次审美感兴的这种具体性、独特性以及不可重复的特点，故由此产生的审美意象也一定具有新鲜性、独创性，同时也是不可模仿的。诗歌意象的这一特点要求诗人在进行创作时，要根据当时情境下自己的感受来进行审美意象的创造，不能模仿古人，也不能用固定的法则和格式来限制自己。王夫之尖锐地批评了在诗歌创作中立门庭、讲死法的风气，以及公式化的创作倾向。

王夫之不仅讨论了一般审美意象的特点，而且也讨论了诗的意境的特点。虽然他没有直接用意境这个词，但是实际上他在很多地方都谈到了意境。他的现量说、意象论、情景关系论，无一不是对中华古典美学意境学说深入精髓的掘发。王夫之的这些主张是对前人观点的总结与发展，进一步丰富了中国古典美学的思想，是中国传统美学的高峰，对后世产生了深远的影响。

第二节　叶燮：艺术的美学体系

中国古典美学进入总结时期的另一个标志是叶燮美学体系的形成。叶燮的《原诗》是中国美学史上最重要的著作之一，叶燮在其中建立了以理、事、情和才、胆、识、力为中心的美学体系。

叶燮，字星期，号已畦，，清初诗论家。因晚年定居在吴江（今江苏苏州市吴江区）横山，世称"横山先生"，著有《原诗》《已畦文集》等。叶燮在《原诗》中指出，文章是对天地万物情状的反映，并对诗和画进行了比较。叶燮认为诗和画反映的对象和方式不同，诗主要是对诗人情感的反映，画主要是对事物形象的反映，但它们从本质上都是对客观世界的审美反映。由于它们反映的方式不同，诗强调情感，画强调形状，所以两者应该相互补充，使情感和形状相统一，从而创造出生动的艺术形象。

关于艺术的本源，叶燮提出了著名的"理、事、情"说，"理、事、情"是对客观事物不同方面的表现。理是指客观事物存在和运动变化的规律；事是指客观事物运动变化的过程；情是指客观事物运动的感性情状和蕴含的情趣。各种形式的艺术都是对客观事物理、事、情的反映，这是艺术的本源。

那么客观事物的本体与生命是什么呢？叶燮继承了前人的思想，认为是充盈在万事万物中流动着的"气"。气的磅礴流动就形成美。既然美源于气，那么现实中美的特点就与气的特点密切联系。气是客观的、运动的，这就决定了现实中美也是客观的，是可以变化且丰富多彩的。气的运动使事物往往形成寒暑、生死、大小等相对立的两方面，美与丑也是相对立的两方面，它们依存于一定的条件，可以相互转化。

叶燮认为真实地反映理、事、情是艺术创造的最高法则。艺术家应该把真实地反映客观现实之美作为自己的追求。任何艺术都是对客观事物的反映，艺术创作是对现实美的反映，这两点是叶燮全部美学思想的基石。

世界上到处存在着美，但是有的人可以感受到，有的人感受不到，可以说，每个人的审美能力是不同的。于是，叶燮对创作活动的主体进行了研究，提出了才、胆、识、力这四个因素，用来说明艺术家在创作时所应具备的条件。

叶燮认为，理、事、情能说明世界万事万物的情态以及变化；才、胆、识、力则可以对事物的理、事、情进行感受和判断，并将其表现出来。以人的才、胆、识、力去衡量事物的理、事、情，艺术创作就能够成功。

才、胆、识、力四者综合起来就是艺术家的创造力。才可以理解为艺术家的才情，也就是艺术家面对客观事物能够敏锐地感受事物的本质、特点和美感等，并且能够用恰当的方式表现出来。这是艺术家的独特之处。胆是胆量，是艺术家敢于自由创作的勇气，可以不必迎合前人所形成的法则，不害怕被人讥笑，敢于相信自己。识包含见识、学识等，是艺术家分辨是非、美丑的能力，是评判客观事物的能力。力是艺术家的生命力，这并非自然的生命力，而是一种艺术创作的生命力。

四者中的才是艺术创造力最直接的表现。人们说一个艺术家很有创造力，往往指他很有才情，能较容易地发现现实中的美，可以更准确、生动地将美表现出来。虽然才是创造力的直接表现，但是才是依赖其他三者而存在的。

才依赖于识。一个人有见识、学识，有分辨是非、评判事物的能力，才能真实地反映客观事物的理、事、情，发现眼前事物的美感。可见艺术家只有具备识，才能发挥他的才。因此，艺术家如果想丰富自己的才情，就应该充实知识，提高内在修养。

才还依赖于胆。艺术家要想表现真实的东西，在一定情况下是需要勇气和胆量的。因为事物是变化发展的，面对已经变化了的事物，想要表现当下的真实，就要有勇气和胆量舍弃前人的观点。艺术家只有具备了胆量，才能进行自由的创作。

才还要依赖力。创造力是更本质的东西，才情要靠艺术创造力的支撑才可以体现。一个人的艺术创造力，天赋是一方面，但并不完全由天赋来决定，后天的修养也很重要。增长知识，提高内在修养，艺术创造力也会随之增长。

综上可见，艺术家的创造活动需要才、胆、识、力四个因素的共同支持，而这四者之间又是互相影响的，其中识是基础性因素。

关于文学作品内容与形式的关系，以及诗品与人品的关系，是中国古典美学长期关注的重点。叶燮对这两个问题做了总结，也进行了补充和发展。

在文学作品中内容与形式的关系问题上，叶燮主张内容与形式的统一，反对脱离内容而一味追求形式美。他用水举例，如果湖水清澈干净，在微风吹拂下，水面形成波澜，景象是美丽惬意的。但如果湖水浑浊肮脏，风吹拂下的水也不会有美感，不仅出现异味还会让人厌恶。同样是水形成的波澜，何以会有这么大区别？原因就在于水质的不同。引申来看，波澜相当于形式，水质相当于内容，只有内容与形式相统一，形式美，内容丰富深刻，才能形成好的作品。叶燮批评一味强调诗的声调、体格等偏重形式的做法，指出这些形式如果离开了充实的内容，就不会是美的。

除了主张文学作品的内容与形式相统一，叶燮还主张诗文的品质与诗人的品格相统一。他认识到诗歌是人思想情感的表达，指出作品美与不美在很大程度上是由作者的思想、志向和情感决定的。他认为人的思想和志向并不是先天的，而是在人生经历中逐渐形成的，受到社会环境的影响。作家只有具备丰富的生活经历才能形成丰富的见闻和学识，这样作家所写的作品就会有丰富而深刻的内容。由此，叶燮要求作家必须到现实生活中去，增长见识，提高思想修养。叶燮认为诗中包含的性情不同，所形成的"面目"就会不同；一个作家的作品能够显示出自己独特的面目，是作家成熟的重要标志之一。成功的作家，他的作品都能显示他的真面目、真性情，这样，他既不是模仿他人，也不能被他人模仿。

叶燮还特别强调"胸襟"在创作中的重要性。这里的胸襟是指一个人的世界观、人生观和价值观。叶燮认为诗人的胸襟决定着诗歌的深层意蕴。诗人创作不仅仅是描写有限的人、事、物，而是以此来触发对整个人生、世界的感悟，这样诗歌就具有了人生感和历史感，就有了深层的意蕴。他最推崇唐代诗人杜甫，认为杜甫能够为国家社稷而忧虑，能够为时间流逝而悲伤等。杜甫诗歌表现出厚重的人生感和历史感，而这种人生感与历史感正是由诗人的胸襟决定的。人们在欣赏文学作品时，应着眼于作品所蕴含的深层意蕴，感受作品中的人生感和历史感，这样从作品中所体会到的美就会更深刻。

叶燮与王夫之都是中国古典美学高峰式的人物，在美学思想上都有囊括百代、纵论古今的博大气魄。作为中国古典美学的总结者，叶燮的美学已经透出近代的意味。

第三节　金圣叹：小说典型人物的塑造

中国古典小说在明清时期达到顶峰。长篇小说《水浒传》虽然在明代就有文艺家进行评论，但是在清代有关《水浒传》的研究又取得了新的进展。其中金圣叹对《水浒传》的评点可以代表清代小说美学的最高成就之一。

金圣叹，名采，字若采，入清后改名人瑞，字圣叹，苏州吴县（今江苏苏州市）人，明末清初的文学家、文学批评家。金圣叹博览群书，评论文章时喜欢附会禅理。他评注了很多古书，称《庄子》《离骚》《史记》《水浒传》《西厢记》《杜工部集》为"六才子书"。影响最大也最有成就的是他对《水浒传》的评点，他支持"《水浒》胜似《史记》"的观点，在当时都是惊世骇俗之论。

金圣叹在小说人物形象塑造方面有深刻论述，可以说是金圣叹小说美学中最有价值的部分。金圣叹的小说评点继承李贽、叶昼的传统，注重人物性格。他认为《水浒传》在艺术上的最大成就是塑造了一系列个性鲜明的人物。

第一，金圣叹将塑造典型人物看作小说艺术的中心。他认为小说中的典型人物应具有鲜明的个性，给人留下深刻的印象。读者面对作品中的极善之人，心中就会燃起敬佩之情，从而对人的精神起到一种振奋、鼓舞、净化的作用。人们面对作品中的极恶之人，也会心生厌恶、痛恨之情，进而谴责社会上的类似人群，警示自己不做坏事。这样，典型人物就起到了净化心灵、提升道德的作用，小说就具有了美感力量。例如《水浒传》中的李逵是个野蛮粗鲁的角色，杀人如麻，人见人怕，绰号"黑旋风"，但他忠诚率直，爱憎分明。有一个名叫李鬼的人打着李逵的旗号行骗，有一次他行骗拦截了真李逵，被李逵打倒在地，便苦苦哀求，说自己家中上有老母，下有妻儿。李逵听到这些便放了他，还给他一些银子。后来李逵到李鬼家里吃饭借宿，李鬼夫妇心生歹意，被李逵识破，李逵知道真相后，杀死了李鬼。李逵疾恶如仇，即使面对自己的兄弟，也没有放弃自己心中的原则。李逵对宋江十分崇拜，言听计从，但他听到宋江强抢民女的流言时，便大闹忠义堂，砍下"替天行道"的大旗，要和宋江大动干戈。由此可见他对正义的追求是坚定不移的。小说中塑造这样的人物，可以对人的精神起到一种鼓舞和净化的作用。

第二，金圣叹提出了"性格"一词，用来概括人物的个性特点。他强调每个典型人物都要具有自己独特的胸襟、性情、装束、语言。《水浒传》中人物众多，仅梁山好汉就有一百零八人。他们的相貌、性格、语言各有特点，每个人都被刻画得活灵活现。仍以李逵为例，《水浒传》中对他的肖像描写是："黑熊般一身粗肉，铁牛似遍体顽皮。交加一字赤黄眉，双眼赤丝乱系。怒发浑如铁刷，狰狞好似狻猊。"这样的外貌与他火暴的脾气、侠肝义胆的性情相衬托，更突出他的性格特点。金圣叹说："《水浒》所叙，叙一百八人，人有其性情，人有其气质，人有其形状，人有其声口。"金圣叹重视小说人物肖像、动作、语言的个性化，这是塑造典型人物的主要方法。金圣叹所说的个性，是和共性统一的，共性正寓于个性之中。金圣叹说："《水浒传》只是写人粗鲁处，便有许多写法。如鲁达粗鲁是性急，史进粗鲁是少年任气，李逵粗鲁是蛮，武松粗鲁是豪杰不受羁勒，阮小七粗鲁是悲愤无说处，焦挺粗鲁是气质不好。"

第三，金圣叹还研究了人物描写中的正反、顺逆、动静等辩证关系，提出了一些塑造典型性格的方法。例如把两个不同性格的人放在一起进行对比，好的显得更加好，恶的显得更加恶。"要写李逵朴直，便倒写其奸猾"，这是从反面下手来表现人物的性格特点。"要衬石秀尖利，不觉写作杨雄糊涂"，这是在对比中来突显人物性格特点。这种方法金圣叹称之为"背面铺粉法"，也就是现在经常说的对比和反衬。

第四，金圣叹强调，人物描写必须合情合理，合乎人情，使读者感到是亲切可信的。小说着眼于对艺术形象的塑造，根据艺术形象的需要创造出特定的故事情节。故事情节虽是虚构，但要符合客观生活规律，合情合理。小说家要运用想象和技巧，对社会生活中的素材进行概括、提炼、夸张等处理，创造所需要的艺术形象，按金圣叹的说法就是"写极骇人之事"必须"用极近人之笔"。例如《水浒传》中武松打虎的情节，具有传奇性色彩。很难想象一个人赤手空拳将一只猛虎打死，但是武松打虎又是"合情合理"

的。山中有虎，人们出山进山都是徒步，武松喝酒增加了胆量，武松开始打虎时是用哨棒，这些情节都是符合社会现实的，从而增加了故事的真实性和合理性。因此，读者情绪会随着情节的起伏而波动，觉得真实而神奇。

第五，一个作品中有众多人物，而且人物都有不同的性格特点，这么多的人物只由小说家一个人刻画出来，但小说家又不可能将这些人物一一亲身体验，那么小说家怎样才能创造众多人物，使其各不相同又个个逼真呢？金圣叹说，这要靠小说家的观察、分析与研究。因为每个事物都处在因果链条中，一件事情的结果肯定是某种原因造成的，而这件事的结果又会影响另一件事，造成另一个结果。同样，每个人性格的形成也是有原因的，一个人的性格决定了他的语言和行动。小说家只要善于观察和分析其中的因果关系，就能把握各个人物的性格、语言和行动特征。

总的来说，金圣叹关于塑造典型人物的这些理论，对小说的创作与欣赏都是具有指导意义的，在古典小说美学的发展史上影响很大。

第四节　毛宗岗：情节与人物

清代的小说评点在继承明代的基础上有所发展。小说美学自金圣叹、毛宗岗、张竹坡、脂砚斋以来，在人物形象塑造和叙事技巧等方面多有阐述，其中毛宗岗深受金圣叹的影响，强调历史小说中塑造典型人物的重要性。

毛宗岗，字序始，号子庵，长洲（今江苏苏州）人，清初文学批评家。他对罗贯中的《三国演义》进行了修订和评点。他在美学上的主要贡献是将金圣叹小说美学中关于叙事方法的理论进行了扩充，使之更加条理化。

毛宗岗认为人们之所以爱读《三国演义》，就是因为《三国演义》塑造了一系列的典型人物。《三国演义》是中国四大古典名著之一，由元末明初小说家罗贯中所著。该小说以三国时期的历史为背景，描述了魏、蜀、吴三个政治集团之间的政治和军事斗争。小说刻画了气势磅礴的战争场面和众多典型的人物形象，其中曹操、刘备、诸葛亮、关羽等人物形象已深入人心。

毛宗岗在评点《三国演义》时将其中的典型人物分为两类，一类典型人物身上有多种性格特点，而另一类人物身上只突出了某一方面的性格特点。前一类如诸葛亮和曹操。诸葛亮足智多谋，忠心耿耿，辅佐刘备、刘禅两代君主，任人唯贤，清正廉明。诸葛亮可以说是智慧的象征，良相的典范，被毛宗岗誉为"古今来贤相中第一奇人"。曹操是曹魏政权的缔造者，杰出的政治家、军事家，有胆量，有计谋，任人唯才，但在政治上也有奸诈狡猾的一面，他被毛宗岗称为"古今来奸雄中第一奇人"。后一类典型人物在《三国演义》中就有很多，他们并不是只有一个特点，而是某一方面的特点很突出，例如曹魏大将军司马懿善于行军用兵，蜀汉军师庞统善于运筹帷幄。他们因为自己的某个特点很突出，也成为非常成功的典型人物。毛宗岗不仅强调典型性，而且也强调个性化，他认为即使描写同一类型的人，也要写出其各自不同的性格特点。毛宗岗评点："一人有一人性格，各各不同，写来真是好看。"

刻画人物离不开情节，毛宗岗认为《三国演义》中的典型人物都是通过一系列典型情节进行塑造。例如刘备是三国时期蜀汉开国皇帝，他为人谦和，礼贤下士，志向远大，知人善用。刘备曾三次访聘诸葛亮，请他出山帮助自己夺取天下。这便是三顾茅庐的经典情节。《三国演义》中类似的情节很多，都从不同角度表现出刘备的人格魅力。这一系列典型情节使得刘备这个典型人物的形象丰满了起来。

美学家金圣叹曾提出塑造典型人物可以用对比、衬托等方法，毛宗岗对此做了进一步扩充，他将这种衬托的方法分为两种，一种是反衬，一种是正衬。反衬是用对立的性格特点来互相衬托。正衬是用相同的性格特点来互相衬托。毛宗岗评说："写鲁肃老实，以衬孔明之乖巧，是反衬也；写周瑜乖巧以衬孔明之加倍乖巧，是正衬也。"毛宗岗认为与反衬相比，正衬效果更好。毛宗岗对衬染也多有论述，他发现《三国演义》多处运用衬染手法，其中对"火烧博望坡"的描写尤见精彩。他说："博望一烧有无数衬染，写云浓月淡是反衬；写秋飙夜风、林木芦苇是正衬；写徐庶夸奖是顺衬；写夏侯轻侮、关张不信是逆衬。"

塑造典型人物，不仅可以用其他人物来正衬或反衬典型人物的性格特点，而且还可以通过周围的环境和人物来侧面表现这个典型人物，也可以通过典型人物对周围环境、人物的影响来表现其自身，即毛宗岗说的"隐而愈现"的方法。也就是说，不直接写某一个人物，而是通过写和他相关的人、事来表现。毛宗岗举例，虽然没有见过诸葛亮，但是看到诸葛亮居住环境的清幽、书童的教养、诸葛亮结交朋友的高超、诸葛亮题咏的俊妙，读者就对诸葛亮有了初步印象。这种写法有助于读者发挥自己的想象，对人物获得更加具体的印象。

毛宗岗利用这些美学思想来分析《三国演义》这部文学巨著，不仅有助于人们更加深刻地理解小说，也有助于小说的推广普及。

第五节　脂砚斋：《红楼梦》评点

《红楼梦》是中国古代四大名著之一，原名《石头记》，清代小说家曹雪芹所著。它以贾宝玉、林黛玉、薛宝钗的爱情婚姻悲剧为主线，描写了荣国府的日常生活。脂砚斋对《红楼梦》的评点接触到了艺术典型的一些本质性问题，对小说人物形象塑造认识较为深刻，因此很值得重视。

脂砚斋，人、名俱不详。1927年以后，国内陆续发现了多种标明"脂砚斋评"的《石头记》抄本。这些抄本上保存的评语、批语，以署名"脂砚斋"的为主，另外还有畸笏叟、棠村、梅溪等署名。从批注的口气看，脂砚斋当是与曹雪芹关系很密切的人物。脂砚斋对《红楼梦》的创作背景、主题思想、情节以及细节描写等都进行了详细探讨，帮助读者更深入了解《红楼梦》这部文学巨著。

脂砚斋强调，典型人物是小说家的创造。脂砚斋认为《红楼梦》里的人物形象在实际生活中都有它的根据。他把这些人物形象说成对实际生活中某一种人的"摹写"。他认为《红楼梦》作者的神奇之处就在于"摹一人，一人必到纸上活见"。这种"摹写"并不是对生活中某个真人的实录，而是对他的仿照。脂砚斋认为，贾宝玉就是曹雪芹虚构的人物，现实生活中不能找到贾宝玉本人，但是宝玉的性格与行为等，是对生活中某个人或某些人的仿照，因此会使人感觉是真实的。众所周知，艺术贵在独创。《红楼梦》的突出贡献就在于创造了许多文学史上未曾见到过的独特的艺术形象，如贾宝玉、林黛玉、王熙凤、晴雯、王夫人、贾母等。其中，宝玉是最为独特的。脂砚斋对宝玉这一形象的美学价值做了深刻的分析："宝玉之为人，是我辈于书中见而知有此人，实未目曾亲睹者。又写宝玉之发言，每每令人不解，宝玉之生性，件件令人可笑。不独于世上亲见这样的人不曾，即阅今古所有之小说传奇中，亦未见这样的文字。于颦儿处为更甚。其囫囵不解之中实可解，可解之中又说不出理路。合目思之，却如真见一宝玉，真闻此言者，移之第二人万不可，亦不成文字矣。"

前人论诗有"妙在含糊，方是作乎"之说。对于成功的艺术作品来说，其丰富的内涵和表现手法在短时间内是难以彻底理解的，然而它又是栩栩如生的、真实可感的形象，既模糊（就其不可彻底理解来说）而又清晰（就其形象鲜活可感来说）。脂砚斋认为，贾宝玉就是这样的艺术形象。脂砚斋说贾宝玉的形象"其囫囵不解之中实可解，可解之中又说不出理路"。此语道出了艺术形象的审美奥秘。所谓"囫囵不解之中实可解"，是说从整体上把握，这形象是可解的。所谓"可解之中又说不出理路"，是说艺术中的"解"不是逻辑思维，而是形象思维，是领悟而不是理解。例如贾宝玉的形象，一个男人重情不重礼，只喜欢亲近女孩，又主张平等与个性，似乎是不可理解的。但是，宝玉作为家里的宝贝，自幼深受贾母疼爱，成长于温柔富贵乡，少受世俗的浸染，形成这样的性格就不难理解了。脂砚斋将"可解"与"说不出理路"的统一，即是从有限中见出无限，实中见虚。而不管可解不可解，其艺术形象是鲜明的，故"合目思之，却如真见一宝玉"。

脂砚斋强调贾宝玉这一形象是具有独创性的，其分析实际上属于"典型人物"的基本理论。也就是共性与个性的统一，独创性与深刻性的统一，意象的鲜明可感性与内涵的丰富广博性的统一。

脂砚斋还指出，典型人物应该具有多侧面的复杂的性格。因为典型人物要具有真实性，就要合乎现实生活中的情理。在现实生活中，不同的人在外貌和性格上各不相同，同一个人的性格也包含着很多侧面。因此，塑造典型人物时也要注意塑造人物多侧面的性格，不能公式化，坏人不一定要鼠耳鹰腮，简单化、公式化的描写会因违反实际生活的情理而让人感觉不真实，不真实就没有吸引力。脂砚斋强调，要写出同一个人物身上相互矛盾的性格特点。只有这种多侧面的人物性格，才是"至情至理"的，才具有真实性。

清　费旭丹　十二金钗图册之黛玉葬花　绢本设色　20.3cm×27.7cm　故宫博物院藏

那种"恶则无往不恶，美则无一不美"的绝对化的人物性格是"不近情理"的，不真实的。

第六节　李渔：戏剧的真实性与通俗化

戏剧在明清时代已经发展到了成熟期，出现了系统论述戏剧的著作，其中典型代表就是清代初年戏剧理论家李渔编写的《闲情偶寄》。

李渔，原名仙侣，字谪凡，号天徒，后改名渔，字笠鸿，号笠翁，别号笠道人等，兰溪（今浙江金华市）人。李渔自幼聪颖过人，擅长戏曲文学，曾在家中办过戏班，还到全国各地演出，积累了丰富的戏曲创作和演出经验。他一生从事戏剧方面的活动，努力对前人经验加以整理，对中国古代戏剧美学的发展作出了巨大贡献。

《闲情偶寄》研究戏剧的词采、音律、人物、故事以及舞台表演等各种问题，其中涉及对剧本、演员的选择，对剧本的处理，以及如何指导演员排戏等，对中国古代戏曲理论有较大的丰富和发展。

我们知道小说讲究真实性，戏剧也同样强调真实性。李渔在前人基础上对戏剧的真实性做了进一步论述。李渔认为，戏剧要想吸引和感动观众，主要就是依靠真实性。戏剧只有真实地反映社会人生的情状、人物、情节等，符合社会本身的逻辑，才会吸引观众，引起观众的共鸣，使观众根据戏剧情节发展而产生哭、笑、愤怒、兴奋等情绪。这就是戏剧的美感，只有这样才能取得好的剧场效果。

为了引起观众欣赏的兴趣，戏剧应该富有传奇性。李渔说："古人呼剧本为传奇者，因其事甚奇特，未经人见而传之，是以得名。可见非奇不传。"可见，戏剧的'传奇'性是引起观众美感的一个重要因素。戏剧是文学创作，不是科学记录，可以进行想象和创造。但李渔指出，戏剧的传奇性不能脱离戏剧的真实性。传奇性并不意味着一定要有荒唐怪诞的神鬼故事，传奇性应该寓于现实性之中，艺术上的新奇要孕育在普通生活中。因为离开现实性就没有真实性，就不能引起观众的共鸣和美感，也就不能取得好的剧场效果。

李渔重视戏剧的真实性，但也不排斥艺术的虚构。他认为，戏剧是作者的创造，其中表达了作者的思想，具有一定的教育作用。为了达到这种效果，戏剧中的情节和人物特点就要比现实生活更集中、更强烈，因此就需要艺术虚构。他说戏剧都不是生活中真实的事，只是虚构典型的人物和事件来达到思想教育的目的。想要劝人讲孝道，就要在戏剧中塑造一个典型的孝子，关于孝子的情节可以虚构，只要情节符合孝道，都可以加在他身上。换句话说，戏剧家将表现某种人的本质特征的材料集中到一个人身上，使这个人身上的特点非常突出，观众就很容易受到这个典型人物的影响，这样就实现了戏剧的教育功能。这实际上就是我们今天所说的典型化。

李渔认为，作家在塑造典型人物时不仅要让人物符合一定的类型，还要做到个性化，而且这两方面的要求都集中体现在人物的语言上。李渔指出，人物的语言要符合人物的身份背景、性格特征等，也就是符合"角色"的特征，"生、旦有生、旦之体，净、丑有净、丑之腔"，唱词、腔调、形体都要做到这样。此外，人物的语言还要符合特定的情景。"说一人肖一人"，"说张三要像张三，难通融于李四"。面对不同的事件、情景，人们会有不同的反应，说出不同的话，因此，要想做到人物的个性化，作家就要设身处地地发挥想象，通过自己的想象体验剧中人物的内心世界，这样才能创造出个性化的人物语言，作品才能有真实感和美感。

关于戏剧通俗化，李渔提出了戏剧"贵浅不贵深"的主张，这一主张是对通俗化的完全肯定。李渔说："传奇不比文章。文章做与读书人看，故不怪其深；戏文做与读书人与不读书人同看，又与不读书之妇人、小儿同看，故贵浅不贵深。"他将戏剧与文章进行比较，认为文章是读书人写来给读书人看的，因此可以说艰深的道理，讲究辞藻、艺术手法等。戏剧则不同，戏剧的观众不仅仅包括读书人，还包括没有读过书的家庭妇女、老人、小孩等，这就要求戏剧要通俗、浅显易懂。艺术创造必须适应欣赏者的特点和要求，才能使欣赏者产生美感。有一些戏剧中的词句很美，但是观众听不懂，因此也不能产生美感。他对戏剧提出了一个新的美学标准，就是以通俗化的程度来评判一部戏剧作品艺术水平的高低。他要求作家在通俗化中表现自己的艺术才能："能于浅处见才，方是文章高手。"这就把戏剧的通俗化和戏剧的艺术性统一起来。

基于戏剧通俗化的要求，李渔提出了两个主张。这两个主张体现在剧本创作和舞台演出方面。在剧本创作上，李渔主张要少用方言。方言是指在一定范围内使用的语言，只有这个范围的人或者学习过这一方言的人才能听懂。因此，用方言创作的戏剧就不容易被理解，不利于广大群众对于戏剧的欣赏。在舞台演出方面，李渔主张演出时要尽量采用当代剧本，他认为这是选剧本的第一原则。首先戏剧是演给当代人看的，当代人对他所处时代的社会生活比较熟悉，当代剧本更容易被观众理解和欣赏。而且，大多数人总是对当代的艺术作品比较感兴趣，因此要尽量采用当代剧本。同时，李渔并不是完全排斥古代剧本，他认为采用古代剧本必须在尊重原作的前提下，加以适当修改，使之适应当代观众的欣赏习惯和要求。

李渔对戏剧通俗化的要求是与戏剧的特点相适应的，也与艺术本身的要求相适应。艺术是让人欣赏的，人们欣赏的前提是能够理解，知道艺术作品所蕴含和想要传达的内容和精神寓意。因此，不能一味地追求"深"和

清　石涛　搜尽奇峰打草稿图　纸本水墨　42.8cm×285.5cm　故宫博物院藏

"少"，要有一定的通俗性。

中国古典戏剧美学研究始自宋末，但大多比较零碎，不够系统。李渔的戏剧美学从戏剧的审美本质、创作指导思想，到人物刻画、情节设计、语言驱遣、表演技巧等方面都发表了比较深刻的观点，注重戏剧的真实性和通俗化，形成了一个系统周全的体系，是中国古典戏剧美学的集大成者。

第七节　石涛："一画论"

在清代绘画美学著作中，最重要的是石涛的《苦瓜和尚画语录》。石涛把宇宙观和绘画理论、绘画技法联系起来，建立了一个绘画美学体系。

石涛，俗姓朱，名若极，小字阿长，法名原济，一作元济，字石涛，号大涤子、苦瓜和尚、瞎尊者、清湘老人等，广西全州人，明靖江王朱赞仪十

世孙，明末清初著名画家。明亡之际石涛出家为僧，与弘仁、髡残、朱耷合称"清初四僧"。由于政治变故，石涛颠沛流离，辗转多地，晚年才定居扬州。石涛擅长书画和诗文，以卖画为生。他云游各地接触到无数秀丽壮观的自然景象，开阔了纵恣洒脱的胸襟。他一反当时画坛以临摹古人为尚的风气，注重自我对自然的参悟与观照，以"搜尽奇峰打草稿"的精神描绘山川形象。其布景落墨，多从写生得来，技法亦不拘一格，往往涉笔成趣。尽管画风多变，但面目清晰可辨。石涛著有《苦瓜和尚画语录》，既有技法之谈，也有玄妙之说，其要义是反对死学古人，主张师古而化。

《苦瓜和尚画语录》又叫《画语录》，共十八章，第一章至第四章是总论，第一章又是全书和石涛所有绘画思想的基础；第五章至第十四章则是分别论述绘画创作中的一些具体问题，也是前四章的具体落实。石涛在《苦瓜和尚画语录》的第一章中提出了"一画"的理论，把绘画的理论和技巧与对宇宙的看法联系起来，建立了一个美学体系，一画论正是这个美学体系的核心。

石涛的一画思想受到了老子哲学的启发。他认为一画是万象最基本的因素，也是最基本的法则。绘画是对世界万象的描绘，画家掌握了一画，也就掌握了描绘物象的根本法则。对于"山川人物之秀错，鸟兽草木之性情，池榭楼台之矩度"，只要能"深入其理，曲尽其态"，就能获得艺术创造的高度自由。

在一画论的基础上，石涛论述了绘画创作中法则与自由的关系。这就是第二章《了法章》的主要内容。《了法章》详细讨论了如何打破成法的束缚（"法障"）而获得绘画自由的问题。石涛认为，古今绘画艺术都有一定的法则，古今艺术家在绘画实践中也都要遵循一定的法则。离开了法则，一切事物（包括绘画）就会变得毫无规定，从而也就不可能存在，这就是法则的价值。但是，古往今来都有一些人并不真正了解法则的意义，从而为法则所束缚（"法障"）。换句话说，一个画家一旦被法则所束缚，就不可能超越古人，更不能在审美创造中获得自由。在石涛看来，古今某些画家之所以被法则所束缚，原因就在于他没有能够掌握"一画"这个根本法则。只要画家掌握了"一画"，就可以贯通众法，摆脱具体法则的束缚，从而达到一种从心所欲的自由境界。

石涛在第三章《变化章》、第四章《尊受章》中论述了继承和创新的关系。这两章分别从两个层次论述这个问题，一个是"古"和"我"的关系，一个是"识"和"受"的关系。石涛认为，绘画是一种审美创造，"借笔墨以写天地万物而陶泳乎我也"。为了创造要学习古人，但不能"泥古不化"，而应该"借古以开今"。也就是说，古人的作品以及总结的成法，对今人来说是一种参考和借鉴，不能照搬。学习古人是为了创新，借鉴古人的传统，同时也要懂得变化。在《尊受章》中，石涛又深入一层，从识和受的关系进一步说明"借古以开今"的道理。在石涛看来，识并非一般的或理性认识，而是指对于古代绘画传统的学识和修养。受也非指画家对外界事物的感受或感性认识，而是指画家之"心"对于绘画的统领作用，也即画家的艺术创造力。也就是说，画家要通过对古代绘画传统的学习来提高自己的创造力，又要在发挥自己创造力的基础上充分运用关于绘画传统的学识。

总的来说，石涛以一画论为基础，论述了绘画创作中法则与自由的统一、继承与创新的统一问题。石涛的美学体系继承和发展了张璪"外师造化，中得心源"、郭熙"身即山川而取之"、王履"吾师心，心师目，目师华山"等绘画思想，使中国古典绘画思想更加哲理化。

第八节　郑燮：一枝一叶总关情

郑燮是清代杰出的书画家、文学家，以诗、书、画三绝闻名于世。作为"扬州八怪"代表人物之一，性格乖张怪异、桀骜不驯、狂妄高傲是他留给世人最深的印象。在郑氏作品中，最让人津津乐道的是他所画之竹。然而，在这之外，他提出的"眼中之竹""胸中之竹""手中之竹"美学思想，常被后世所引用，值得我们好好探究一番。

郑燮，字克柔，号板桥，江苏兴化人，出生于书香世家。他于乾隆元年（1736年）中进士，乾隆七年（1742年）春，始赴山东范县任县令，五年后调任潍县知县。郑板桥在潍县目睹了连续灾年中农民百姓的艰难生活后，写下了《逃荒行》《孤儿行》《还家行》等体察民情的诗篇，并在为山东布政使兼巡抚包括所画的一幅《墨竹图》上题诗云：

衙斋卧听萧萧竹，疑是民间疾苦声。
些小吾曹州县吏，一枝一叶总关情。

在这首诗中，郑板桥将竹子枝叶在风雨中摇曳的声音，类比于民间百姓的疾苦声。"一枝一叶总关情"充分显示出了他的抱负，即哪怕是民众一枝一叶的小事也牵动着他这个小小七品县官的感情。也许当时官场中的腐败现象让他深感不满和厌恶，乾隆十八年（1753年）春，告别了十年左右的为官生涯，郑板桥再次回到了扬州，重新过着"二十年前旧板桥"的卖画生活。

清代张维屏云："板桥大令有三绝，曰画、曰诗、曰书。三绝之中有三真，曰真气、曰真意、曰真趣。"绘画方面，郑板桥选取兰、竹、石作为最主要的创作题材。他在《靳秋田索画》云："石涛善画，盖有万种，兰竹其余事也。板桥专画兰竹，五十余年，不画他物。彼务博，我务专，安见专之不如博乎！"由此可见，对于绘画题材的选择，郑板桥是有所考究的，他选择兰、竹、石不仅仅是仿效他人，更多的是借兰、竹、石来抒写胸中的喜怒哀乐，表达其"逸气""倔强不驯之气"，展现自己的性情、人格与情操。郑板桥《兰竹石图》曾题"一兰一竹一石，有香有节有骨"。在创作上，他取法于陈淳、徐渭、石涛诸人，而自成家法，真正做到"十分学七要抛三"，形成了苍劲挺拔、潇洒飘逸的绘画风格。在构图上，郑板桥对于石、兰、竹的组织极为严谨，石头往往作为龙脉，有机地将一丛丛分散的兰竹统贯一气，使得整体画面显得既严整而又有变化。

郑板桥尤以画竹称奇，他一生种竹、画竹，笔下之竹形式多样、千变万化，有春竹、夏竹、秋竹、冬竹，有晴竹、雨竹，有老竹、新竹，有立竹、卧竹，有六竿竹、三竿竹、两竿竹、一竿竹。郑板桥画竹与他人不同，常常画了一纸的竹竿和竹节，竹竿顶天立地，如打篱笆，犯了画竹之大忌。但他或在其中略布几丛竹叶，或在竹竿中间穿插题上数行字，使画面由刻板转为生动，竹子坚劲挺拔的形象和冲霄的气势在这疏密、虚实之间得以彰显。郑板桥时常借竹来抒发自己的胸襟，如他有题竹诗云："咬定青山不放松，立根原在破岩中。千磨万击还坚劲，任尔东西南北风。"表现他在遭受种种打击下仍坚强不屈的品性。

除了专注于竹的绘画，郑板桥还在苏轼、晁补之、黄庭坚等人的基础上，提出了"眼中之竹""胸中之竹""手中之竹"三段论的美学思想。"眼中之竹"是实际生活中的竹子，但创作者不能仅仅满足于看见，而是要将其作为创作源泉，通过提炼、概括、融入思想情感等加强感性层面与理性层面的认识，构建独特、完整的艺术意象，上升为"胸中之竹"，在此基础上，运用娴熟高明的笔墨技巧描绘和展现于画面之中，化为"手中之竹"。可见，郑板桥所说的由"眼中之竹"到"胸中之竹"，再到"手中之竹"这一过程，正是如今所倡导的艺术作品不仅要源于生活，更要高于生活，艺术不仅仅是现实的描绘，更是思想情感的表达与价值观的传达。郑板桥的三段论美学思想也反映出，他以竹入画是要借助竹这一艺术意象来展现自己遗世独立、高风亮节的情操。

在书法方面，郑板桥的"六分半书"声名远播。人们常常以"乱石铺街""浪里插篙"来形容郑板桥书法给人的整体印象。他的书法乱中有序，将八分之波磔、篆书之结构、行草之用笔熔于一炉，章法不拘成法，倚正、大小、宽窄、疏密错落有致，富有音乐般的节奏感，十分生动。书法家刘恒论道："点画敦厚粗壮多承苏轼之貌，尤其是点、横喜用顿笔，转折处以偃笔翻过，纯是苏法；撇、捺及长横斜昂取势，间用提按与战抖，沉着中时见

清 郑板桥
竹石图
纸本水墨
170cm×90cm
天津博物馆藏

飘飘欲飞之趣,学黄庭坚而善化用;至于隶书的融入,除字形方扁和横笔、捺脚多有波磔挑剔以外,许多字的结构都采用篆、隶写法,以显古拙不俗。作为画家,郑燮还将绘画中的意趣和修养运用到书法中来,有时下笔如写竹画兰。"郑板桥把原本散乱的、看似各自独立的字借助笔墨的干湿浓淡变化统合起来,书法呈现出追求自然、天真率性的特点,这正是他内在情感生活最真实的反映,也是他美学追求的高度概括。

此外,郑板桥也在寻求着难得糊涂的境界。《难得糊涂》六分半书匾额写于郑板桥潍县任上,在难得糊涂基础上,他还补充道:"聪明难,糊涂难,由聪明而转入糊涂更难。放一着,退一步,当下心安,非图后来福报也。"难得糊涂是他在历经了无数挫折以及宦海波澜以后,于"五十知天命"时所总结出的一种对为人处世的看法和态度。糊涂的难得,体现出郑板桥在经历愤慨、不甘、无奈之后,对理想、个性与现实之间的调和。这一思想态度的转变,反映出郑板桥在嬉笑怒骂、放纵狂妄之中,对安宁平和、有容乃大的心境的追求。可以说,难得糊涂的思想支撑了郑氏晚年的精神生活。

从郑板桥的生活背景和各种艺术表现来看,郑板桥的美学论述是建立在他丰富的人生阅历和艺术实践的基础上的。他那"眼中之竹""胸中之竹""手中之竹"的美学思想,以及难得糊涂的思想态度,对后世产生了深远影响,历久弥新。

第九节　刘熙载:《艺概》的美学思想

刘熙载,字伯简,号融斋,晚号寤崖子,江苏兴化人。他是道光二十四年(1844年)进士,曾官国子监司业、广东学政,晚年主讲上海龙门书院,为清代著名学者、文艺批评家。他所撰写的《艺概》是一部重要的文艺美学论著,内容丰富,分别论述诗、词、曲、赋、书法等的特点,并对重要作家作品进行了评论。

刘熙载认为一切艺术都是根据矛盾的规律产生的，这可以说是贯穿《艺概》全书的中心思想。矛盾，简单理解就是事物之间的不同与对立。而不同的、对立的事物是相比较而存在的，是具有统一性的。刘熙载以这一思想为指导，对文艺创作中各种矛盾关系进行分析，对美学范畴运用艺术辩证法展开了深刻的论述。

刘熙载的艺术辩证法思想来源于中国阴阳哲学和近代从西方传来的算学。他不仅精于人文科学，对数学也有一定的研究。由于刘熙载学识兼贯古今中外，因此他对艺术中的辩证法比前贤认识更为深刻。下面我们挑选一些例子加以介绍。

"咏物"和"咏怀"是文学作品的主要内容，刘熙载在《艺概》中对它们进行了比较研究。咏物侧重对事物进行刻画，咏怀侧重对人的情感进行表达。刘熙载论赋时指出，世间客观事物的形象与人心中的感情相摩擦、激荡，就产生了赋。赋要创造一个外物与我心相融的审美形象。"物色"与"生意"就是物与心、景与情相互关联的问题。刘熙载说："实事求是，因寄所托，一切文字不外此两种。""实事求是"侧重对客观事物的描写，侧重咏物；"因寄所托"侧重对感情的表达，侧重咏怀。刘熙载主张要把实事求是与因寄所托统一起来，也就是说把咏物与咏怀统一起来。因为情要通过景来表现，景要包含人的情感，情景不可分。寓情于景，借景抒情，"寓主意于客位"，"以色相寄精神"，这都是咏物与咏怀的统一。刘熙载认为，要将"咏物"与咏怀统一起来，艺术家应该力求做到亲知亲见，深入生活认真观察事物，"事理曲尽"，达到"物我无间"。

在艺术风格方面，刘熙载讨论了"结实"与"空灵"两种相互对立的风格。艺术是现实的反映，艺术作品应该以真实内容为基础，因此艺术形象应该结实。但是艺术是以审美意象来反映现实的，用叶燮的话来说，艺术不是"实写理、事、情"，而是通过生动形象的审美意象来表达，从这方面来看，艺术应该"空灵"。结实强调艺术作品要有真实而充实的内容，空灵则强调艺术不是对现实完全照搬的、刻板的反映，而是运用了想象、象征、比喻等手法，在反映现实的同时，使作品具有无限的意蕴。结实与空灵这二者在刘熙载看来是应该统一起来，"不即不离"。他以韩愈的文章举例："文或结实，或空灵，虽各有所长，皆不免著于一偏。试观韩文，结实处何尝不空灵，空灵处何尝不结实？"这也就是要求充实的内容要用恰切生动的审美意象表现出来。

"壮美"与"优美"是中国古典美学对美的传统分类，这种分类最初受到了《易经》的影响。《易经》认为，事物内部存在着对立统一的阴、阳两种因素，这两种因素促成了宇宙万物的变化发展。阳刚之美就是壮美，阴柔之美就是优美。刘熙载认为艺术作品应该把阴与阳、刚与柔统一起来，强调壮美与优美应该相互渗透，和谐统一，雄壮不失韵味，隽秀而又不失力量，做到刚健与婀娜的统一。

在内容与形式的问题上，刘熙载认为形式不应该过于突出。语言文字要反映客观事物，同时把作者的思想性情表达出来，语言文字的作用在于把性情骨气充分表现出来，因此不应突出语言文字本身。同时，形式离不开内容，如果没有充实的内容，形式也不会具有美，即"文"不能离开"质"。我们知道，文与质这对审美范畴最早是由孔子提出来的。孔子说："质胜文则野，文胜质则史，文质彬彬，然后君子。"在孔子这里，"文"是指外饰性的礼仪节文，"质"是指内在的道德品质。孔子运用这对范畴本是论人，强调内善与外美的统一。后人用来论述文章，于是，文与质则分出两个不同层面的意义：一是质与文分别指作品的内容与形式；二是文指修饰，质指不加修辞亦即本色。刘熙载在这方面坚持儒家的诗学传统，主张文质合一，内容形式统一。由此，刘熙载批判"舍理而论文辞"等形式主义的做法，指出形式要为内容服务，不能忽略内容而过分追求形式。他提出艺术家在艺术创作中要"尚实"，而不应该"尚华"。

关于诗品与人品的统一，也是中国古典美学的重要内容，反映了中国古典美学对艺术作品审美价值的独特看法。刘熙载认为，艺术作品审美价值的高低，取决于作者思想境界的高低。所谓诗品是文章作品所具有的格调、品质，人品是创作者所具有的道德品格。艺术作品是人思想情感的表现，因此诗品与人品是统一的。刘熙载明确提出"诗品出于人品"的观念。简单来说，一个人写的字、作的诗往往是他志向的表达，也是他学问、才情的表现。因此刘熙载强调，艺术家首先要致力于提高自己的人品。

刘熙载在《艺概》中用了大量的篇幅论述各类艺术形式的技巧问题，例如统一与杂多、有与无、虚与实、正与反、形与神、奇与正、曲与直、疏与密、生与熟等，这些论述大多受阴阳相对相生的思维模式影响，讨论的是如何按照美的规律进行艺术创作的问题，为后人研究提供了丰富的思想资料。

以上美学内容虽谈论的侧重点有所不同，但其中有相通处，那就是刘熙载运用了辩证的观点来看待艺术问题。上述问题前人虽也谈过，但比较零散，到了刘熙载这里较为集中，广度、深度都有所发展。可以说，刘熙载是中国美学史上运用艺术辩证法最为纯熟的美学家之一。

参考文献

[1] 叶朗.中国美学史大纲[M].上海：上海人民出版社，1985.

[2] 王振复.中国美学史教程[M].上海：复旦大学出版社，2004.

[3] 陈望衡.中国古典美学史[M].武汉：武汉大学出版社，2007.

[4] 张法.中国美学史[M].成都：四川人民出版社，2020.

[5] 李泽厚.美的历程[M].北京：生活·读书·新知三联书店，2009.

[6] 朱良志.中国美学十五讲[M].北京：北京大学出版社，2006.

[7] 陈传席.中国绘画美学史[M].北京：人民美术出版社，2012.

[8] 宗白华.美学散步[M].上海：上海人民出版社，1981.

[9] 宗白华.中国美学史论集[M].安徽：安徽教育出版社，2006.

[10] 于民.中国美学史资料选编[M].上海：复旦大学出版社，2008.